# IEを学ぶ！

事務、販売、サービス領域に活かす
インダストリアル・エンジニアリング

木内 正光 編著

渡邉 一衛・野上 真裕・高村 航・植木 卓 著

日科技連

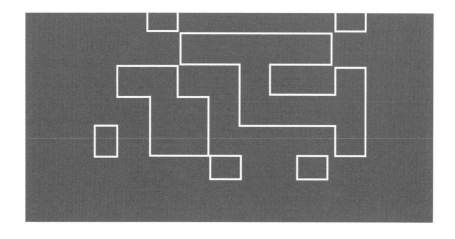

# まえがき

　製造業の生産性向上を中心に発展を遂げてきたIE（Industrial Engineering）が、間接部門やサービス産業などへと拡がり、同様の貢献を期待されるのは今に始まったことではありません。設備の機械化、産業構造の変化、労働人口の減少など、社会の動向に注視すれば、この分野への拡がりは十分に予測できます。しかし現在、IEの考え方や手法について、同分野においての知名度や認知度が高いとはいえません。名称だけは知ってはいても、その実が何を示しているのかわからないという人も相当数いるのではないかと思います。

　この原因の一つとしては、分野が異なるため、適用の検討すら行われていないことが考えられます。製造業という特徴にフィットしたIEは、逆にその他の分野には適用できないと捉えられている可能性があります。ここでの特徴とは、仕事の対象が制御しやすいモノであり、繰り返し性が高いことです。

　仕事の対象が制御の困難なものである場合、仕事の対象へのアプローチの仕方に工夫はできないでしょうか。業務の繰り返し性が低い場合、範囲を広く捉えることで、規則性が現れることはないでしょうか。ここで触れた「視点」や「粒度」の変化については、IEの大切な見方や考え方をよく表している言葉です。仕事の場だけでなく日常生活においても、現状を整理したいときにとても役に立ちます。

　本書では上記で触れた領域へのIEの適用について、事例を基に理論や手法を解説しています。IEにおける対象の見方や考え方は多くの分野で活用可能であり、製造業とは異なる分野での事例を扱っているからこそ、IEの真の特徴が確認できるともいえます。さらに本書では、事例全体を「構造」という視点で整理し、文脈の中で改善効果などを可視化する方法を提案しています。読者のみなさまには是非試していただきたい考え方です。

　本書は多くの方々のサポートにより刊行を迎えています。紙面の都合上、すべてのお名前を挙げることはできませんが、直接的に関わっていただいた方に、この場をお借りして謝辞を述べさせていただきます。はじめに、日本科学技術連盟の堀江ゆか氏に感謝の意を称します。本書の議論の原点は『QCサ

## まえがき

ークル』誌の連載であり、堀江氏には連載委員会の運営や編集において、大変お世話になりました。続いて、原信ナルスオペレーションサービスの齋藤祐亮氏、岸田瑠美子氏に心よりのお礼を申し上げます。齋藤氏と岸田氏は、手法の紹介や具体的な構造分析適用の議論など、連載とは異なる内容を盛り込む際に鋭い指摘や示唆に富んだ助言を幾度となくいただきました。最後に、日科技連出版社の木村修氏に深謝を致します。書籍化の過程において、委員会運営や編集で適切なご指摘やお力添えをいただきました。

　読者のみなさまには、本書をきっかけに是非IEを活用いただき、職場の活性化に繋げていただければ幸いです。

2024年9月

著者を代表して

玉川大学　木内正光

**IEを学ぶ!**
**事務、販売、サービス領域に活かす**
**インダストリアル・エンジニアリング**

目　次

まえがき………iii

---

### 第1章　**IEとは何か?**………1

1.1　IE による対象の見方・考え方………3
1.2　IE による現状の整理………12
1.3　各章の構成………21
第 1 章の引用・参考文献………22

---

### 第2章　**オフィスにおける情報の流れを考えよう**………23

2.1　事例紹介：コールセンターでの管理者業務の改善………25
2.2　コールセンター改善事例における IE の考え方および手法
　　………32
2.3　IE 手法の発展的活用：「人」「モノ」「情報」の視点で現状を把握
　　………33
2.4　事例における分析の詳細………35
2.5　事例における構造の可視化………39
第 2 章の引用・参考文献………40

---

### 第3章　**営業パーソンの動きを考えよう**………41

3.1　事例紹介：営業職の改善………43

v

目　次

3.2　営業改善事例における IE の考え方および手法………47

3.3　IE 手法の発展的活用：「予定」「実働」で現状を把握………48

3.4　事例における分析の詳細………49

3.5　事例における構造の可視化………56

第 3 章の引用・参考文献………58

---

## 第4章　職場のレイアウトを考えよう………59

4.1　事例紹介：事務職の改善………61

4.2　事務職改善事例における IE の考え方および手法………70

4.3　IE 手法の発展的活用：モノの移動と取扱いの視点で
　　現状を把握………72

4.4　事例における分析の詳細………73

4.5　事例における構造の可視化………75

第 4 章の引用・参考文献………77

---

## 第5章　販売職の動きを考えよう………79

5.1　事例紹介：販売職の改善………81

5.2　販売職の動きの改善事例における IE の考え方および手法
　　………88

5.3　IE 手法の発展的活用：理想的な動作を追究………88

5.4　事例における分析の詳細………92

5.5　事例における構造の可視化………95

第 5 章の引用・参考文献………97

索　引………99

装丁・本文デザイン＝さおとめの事務所

# 第1章

# IEとは何か？

# 第1章

# IEとは何か?

　IE[1]という言葉をご存知でしょうか?　IEはIndustrial Engineeringの略で、和訳だと経営工学、作業研究など、幅広い意味で使われています。IEはQC (Quality Control：品質管理[2])と同じように管理技術の一つであり、組織の生産性向上に貢献する理論・手法としても知られています。IEの活用の多くは製造、技術、品質保証(SGH)[3]の領域であり、現在でも多くの工場、職場、生産現場の生産性向上に寄与しています。

　本書では事務、販売、サービス(JHS)の領域を対象として、IEの考え方および手法の活用について解説します。仕事の対象がSGH部門とは異なるため、適用が難しいように見えますが、IEの見方および考え方は、JHS部門でも同じように効果を発揮します。

　第1章では、IEの基本概念(アプローチ、手順、手法の特徴など)について説明します。第2章以降における各種活用場面の原点となりますので、各章で不明な点などがありましたら、第1章に戻って考え方を確認してください。

## 1.1　IEによる対象の見方・考え方

　本節では企業や組織での活動によって起こり得る現象や事象に対して、IE

---

1)　日本産業規格(Japanese Industrial Standard：以下、JIS)における生産管理用語(以下、JIS Z 8141：2022)ではIEを、「経営目的を定め、それを実現するために、環境(社会環境及び自然環境)との調和を図りながら、人、物(機械、設備、原材料、補助材料、エネルギーなど)、金、情報などを最適に計画し、運用し、統制する工学的な技術・技法の体系(1103)」と定義しています。

2)　日本品質管理学会(The Japanese Society for Quality Control：以下、JSQC)規格における品質管理用語(以下、JSQC-Std 00-001)では品質管理を、「顧客・社会のニーズに応えるために、製品・サービスの品質/質を効果的かつ効率的に達成する活動」と定義しています。

3)　日本の代表的な小集団活動として「QCサークル」があり、活動の発表の場として「QCサークル大会」があります。産業構造の変化に対応して2008年より、それまでの活動の主体であった「SGH部門」に加えて「JHS部門」が設けられました。なお、SGHは製造、技術、品質保証、JHSは事務、販売、サービスの頭文字です。

を適用していくうえでの特徴について記述します。

### 1.1.1 IEにおけるアプローチ

図1.1は、IEにおける仕事や業務に対する2つのアプローチです。現状をもととし、目標システムに向って改善を積み重ねる取組みが分析的アプローチです。一方、現状を無視して制約を取り払い、理想を出発点として、目標システムを構築していく取組みが設計的アプローチです。設計的アプローチの一つであるナドラーのワーク・デザインの考え方では、対象とする仕事や業務の理想を、時間0・コスト0(No time、No cost)で実施するシステムとしています[1]。これは、極端な理想を設定することで、現状という制約を取り払おうとするものです。

圧倒的に広まっているのは分析的アプローチです。IE手法[4]のほとんどがこの分析的アプローチに属しています。IE手法は主に生産性向上に活用されますが、分析的アプローチは現状の「ムダ・ムラ・ムリ」を排除することで、組織の目標となる姿に近づけていきます。分析的アプローチのよい点は取組みや

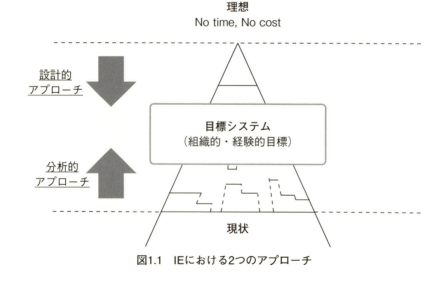

図1.1　IEにおける2つのアプローチ

---

4) IE手法の代表的なものに作業研究があり、JIS Z 8141では作業研究を、「作業を分析して実現し得る最善の作業方法である標準作業の決定と、標準作業を行うときの所要時間から標準時間とを求めるための一連の手法体系(5102)」と定義しています。

## 1.1 IEによる対象の見方・考え方

すさにありますが、一方で「目の前にある仕事（のやり方）」が前提となっています。前提が間違っている可能性を考えると、改善の幅を狭めていることにもなります。与えられた環境下での改善はどこか受身の姿勢となり、積極的に職場をよくしていく考えから遠のく危険性もあります。したがって、自身の仕事は自身で設計するという主体的意思にもとづく、設計的アプローチも不可欠です。ただし、このアプローチは前提を置かない分、難易度は高くなります。設計的アプローチにおいては、考えの出発点自体を自分で決めていくためです。

IEのアプローチは、仕事や業務に対して上記の2つのアプローチ（分析的アプローチと設計的アプローチ）を併用していきます。具体的には業務の経験が浅いときは、与えられた仕事を理解する意味で分析的アプローチを用います。時間の経過とともに仕事に対する理解が深まると、今度は理想的な姿を設計的アプローチで考えやすくなります。設計的アプローチを併用することは、受動的に仕事をするだけでなく、能動的に仕事を実施する姿勢にもつながります。

本書では分析的アプローチを取りつつ、あるべき姿についても考える設計的アプローチをとれるように、各章の末尾に仕事の構造分析（1.2節）を用いた「事例における構造の可視化」を設けています。

### 1.1.2 IEにおける問題解決の手順（ステップ）

図1.2は、IEにおける問題解決の手順（ステップ）（図1.2中央参照）です。QC分野で用いられるQCストーリー[5]における問題解決型（図1.2左参照）と課題達成型（図1.2右参照）の双方で適用できる様式となっています。

具体的には、まず「①問題の認識」では、何を問題とするかを決定します。ここでのポイントは、文字どおり何が問題かに気づくことです。職場に入ったばかりの新人の場合には上司などから問題を与えられることが多いですが、熟練者や管理者は自ら問題を発見できるようにならなければなりません。では、問題とはなんでしょうか。問題とは、「目標（あるべき姿）と現状との差（ギャップ）」と定義します。この定義はQCと同様です。続いて「②問題の明確化」では、問題に対して制約条件、評価尺度、目標を決め、「①問題の認識」で認識した問題を明確にします。目標については、高めの数値目標を立てることで、

---

5) JSQC-Std 00-001ではQCストーリーを、「改善をデータに基づいて論理的・科学的に進め、効果的かつ効率的に行うための基本的な手順」と定義しています。

第1章 IEとは何か？

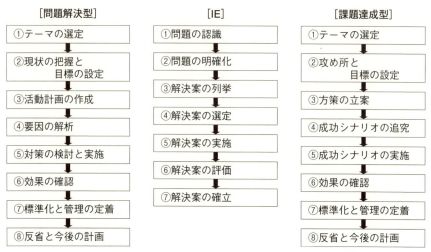

図1.2 IEにおける問題解決のステップとQCストーリー[2]

技術の向上につながります。「③解決案の列挙」では、問題に対する解決案をブレーンストーミングなどの発想法を用いて、できるだけ多く出します。ここではあえて制約を設けず、たくさんのアイデアを出しておき、いつでも利用可能なように記録をします。「④解決案の選定」では、③で出した解決案に対して、②の制約条件および目標を照らし合わせてよい案を抽出します。「⑤解決案の実施」では、問題に対して④で決めた解決案を実施し実績データをとります。ここでの実施は、実験やシミュレーションも含まれます。そして「⑥解決案の評価」で、⑤の実績データと「②問題の明確化」で決めた目標との差異を見て、最終的に「⑦解決案の確立」により、解決案を標準化・手順化をし、誰が実施しても同じ結果が得られるようにします。

QCストーリーにおいては、対象とする仕事（業務）が、経験のある場合は問題解決型、経験のない場合または経験があっても現状打破で一から業務を設計しなおしたいときは課題達成型と分けていますが、IEについては何を問題とするか（①）で分けているため、経験のあるなしにかかわらず、共通的なステップとしています。このことは、QCでは問題と課題との使い分けにつながり、IEでは両者を同様に扱っていることにも関連しています。

### 1.1.3 IE手法の特徴(IEステップ①②で実施する現状把握)

IE手法の特徴を考えます。ここではあえてQC手法と比較をすることにより、その特徴を際立たせます。

図1.3は、QC手法とIE手法の特徴を表しています。例えば工程の現状を把握する場合を想定します。QC手法では工程に対して特性を定めてデータを収集し、ヒストグラム[6]や管理図[7]を作成します。そしてヒストグラムの形や管理図における点の動きを見て、工程の状態を考えます。これに対してIE手法では、実際に工程で動いている人やモノ[8]をダイレクトに観察・測定し、記号化などを実施していきます。したがって、対象に動きがあるため、「何(人、モノ、情報)を見るか」という視点を定める必要があります。このように対象を直接見ることは、IE手法の大きな特徴といえます。そして、視点の設定後、対象の動きを分解し、構成要素を精緻に調べます。

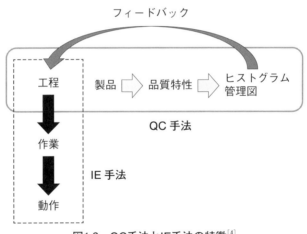

図1.3　QC手法とIE手法の特徴[4]

---

6) JIS Q 9024「マネジメントシステムのパフォーマンス改善」(以下、JIS Q 9024)ではヒストグラムを、「測定値の存在する範囲をいくつかの区間に分けた場合、各区間を底辺とし、その区間に属する測定値の度数に比例する面積をもつ長方形を並べた図」と説明しています。詳細については3.4.1項を参照ください。
7) JIS Q 9024では管理図を、「連続した観測値又は群にある統計量の値を、通常は時間順又はサンプル番号順に打点した、上側管理限界線、及び/又は、下側管理限界線をもつ図」と説明しています。管理図はいくつかの種類がありますが、本事例ではX-R管理図を採用しています。詳細については3.4.2項を参照ください。
8) 仕事の対象物(付加価値の対象)を記述する場合について、カタカナの「モノ」としています。これは4Mの「Material(材料・情報)」に対応します。

第1章　IEとは何か？

　ここではQC手法とIE手法の特徴を確認しましたが、両手法の共通点は、対象を的確に把握するということです。手法の多くは、手法そのものに「改善する」という機能はなく、あくまで対象を「把握する」に留まります[3]。そして把握の結果より、改善案を出し合い、予算や時間などを考慮して改善を実施することになります。その意味では、各手法には適切な改善案を出しやすくする機能があるといえます。

　QC手法とIE手法を管理技術として捉えた場合、導入順序は、まず品質（QC）を確保し、続いて生産性向上（IE）という順（QC ⇨ IE）となります。品質問題は企業全体を揺るがしかねない事態を招くため、品質を最優先することが大切です。しかしながら現状把握という観点では、どちらか一方を選択しなければならないということはありません。テーマに応じて、QCとIEを併用することもできます。例えば、現状の職場において、品質を工程で作り込む箇所を現場で特定したい場合、実際の流れや動きを直接見るIE手法が役立ちます。

### 1.1.4　IE手法の全体像（IEステップ①②で実施する現状把握）

　図1.4は、本書で扱う問題解決という角度で整理をしたIE手法の全体像です。職場に対して、現状がどのようになっているのかを把握し、どのような問題があるのかを探すためには、工程分析[9]や稼働分析[10]が適しています。この分析により、職場の状況が可視化され、改善の糸口を探すことにつながります。そして問題をより詳細につかむために視点を定め、時間研究[11]、動作研究[12]、運搬分析、流れ線図、事務分析などにより、問題点を具体化します。

　図1.4では、対象について「ムダ」という表現を用いており、それぞれの「ムダ」を顕在化させるのに適した手法を対応させています。なお、手法の適用という点では、必ずしも上段→下段という順の必要はなく、あくまで職場で取り上げているテーマに合致していることが重要です。

---

9)　JIS Z 8141では工程分析を、「生産対象物が製品になる過程、作業者の作業活動、及び運搬過程を、対象に適合した図記号で表して系統的に調査・分析する手法（5201）」と定義しています。

10)　JIS Z 8141では稼働分析を、「作業者又は機械設備の稼働率若しくは稼働内容の時間構成比率を求める手法（5209）」と定義しています。

11)　JIS Z 8141では時間研究を、「作業を要素作業又は単位作業に分割し、その分割した作業を遂行するのに要する時間を測定する手法（5204）」と定義しています。

12)　JIS Z 8141では動作研究を、「作業者が行う作業を構成する動作を分析して、最適な作業方法を求めるための手法の体系（5206）」と定義しています。

1.1　IEによる対象の見方・考え方

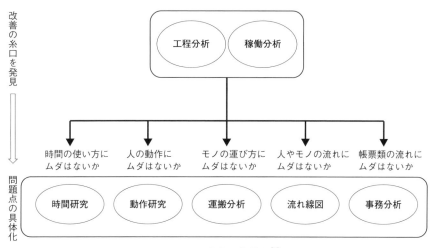

図1.4　IE手法の全体像[5]

## 1.1.5　改善の原則(IEステップ③で実施する改善案検討)

　IE手法を適用して現状を詳細に把握した後、ECRS[13](表1.1)という改善の原則により改善案の方向性を検討します。対象について、改善効果の高い順にE(排除)→C(結合)→R(交換)→S(簡素化)と問いかけます。

　最初に問いかける「E：排除」はもっとも効果の大きい改善です。「E：排除」は対象の存在理由を問うこと(何のためにその作業をするのか)です。前任者からの慣例で行ってきた場合などは、その理由を把握することにより、現状の仕事への理解を深めることにもなります。続いて、「C：結合」と「R：交換」では、固定化されて当たり前となっている仕事の手順を改めて意識することで、新たな気づきを得る可能性を探ります。最後に「S：簡素化」で、対象そのものの簡素化・単純化を図ります。その後、さらに細かい「対象レベル」についてECRSを適用します。

　ここで「対象レベル」について説明します。IEでは「工程」「作業」「動作」という区分があります。工程→作業→動作の順に、対象を狭くかつ細かく見る

---

13)　JIS Z 8141ではECRSを、「工程、作業、又は動作を対象とした改善の指針又は着眼点として用いられ、排除(Eliminate：なくせないか)、結合(Combine：一緒にできないか)、交換(Rearrange：順序の変更はできないか)及び簡素化(Simplify：単純化できないか)のこと(5302)」と定義しています。

9

表1.1　ECRSの意味

| 記号 | 意味 | | 問いかけ |
|---|---|---|---|
| E | Eliminate | 排除 | なくせないか？ |
| C | Combine | 結合 | 一緒にできないか？ |
| R | Rearrenge | 交換 | 順序を変えられないか？ |
| S | Simplify | 簡素化 | もっと単純化できないか？ |

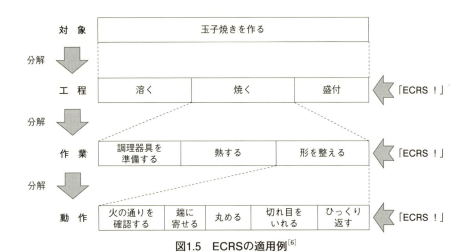

図1.5　ECRSの適用例[6]

ことになり、動作→作業→工程の順に、対象を広く、かつ、大まかに見ることになります。工程レベルでは、情報、モノ、人のそれぞれの流れを把握します。作業レベルでは、情報、モノ、人のそれぞれの関係や組合せを把握します。最後に動作レベルでは、人の動きを中心に把握します。

　図1.5は、玉子焼き料理を対象とし、IEの視点で分解をした例を示しています。工程レベルには、「溶く」「焼く」「盛付」などがあります。その中の「焼く」における作業レベルとして、「調理器具を準備する」「熱する」「形を整える」などがあります。さらにその中の「形を整える」における動作レベルとして、「端に寄せる」「丸める」「ひっくり返す」、などがあります。「対象レベル」の項目ごとにECRSを問いかけることで、改善のヒントを見出すのです。

## 1.1.6 事務、販売、サービス(JHS)の特徴

本書では事務、販売、サービス(JHS)を対象にIEを適用します。ここでは JHSの特徴について、レストランにおけるサービスを例に考えます。

まず客に焦点を当てます。客の動きは、レストランに来てホールにおける店員に来店人数を告げ、席に案内されます。その後、水やおしぼり、メニューが出され、料理を注文します。注文した料理が運ばれ、食事をします。食事後、レジまたはテーブルで会計をして店を出ます。

客の動きに対して、サービスの提供側はどのような対応をする必要があるでしょうか。はじめに客と接するウェイターに焦点を当てます。ウェイターの動きは、客の来店時に話しかけテーブルに案内をします。ウェイターはホールの状況(テーブルの空きや食事の進捗状況など)と来店人数を把握し、案内をする必要があります。案内後は水とメニューを出し、注文を受けます。ウェイターは、オーダーによって待ち時間を告げたほうがよい場合があるため、キッチンでのオーダーの状況を把握しておくことが大切です。そして客のオーダーをキッチンに告げ、完成した料理を客のテーブルに運びます。食事後は会計があるので、事前に支払方法への対応を準備しておき、スムーズに処理します。

次にキッチンにおける料理人に焦点を当てます。開店前は食材および料理手順の確認、開店後はホールのウェイターとの情報共有をしながら、オーダーと料理時間から料理の順番を決めていきます。最後にレストランを運営するマネージャーは、来店人数の予測と、それに基づくスタッフの人員確保により、負荷(仕事量)と能力のバランスを考えていきます。

客の満足度向上は、食事および食事をする環境(空間)の質と、来店→食事→帰宅までのスムーズな流れ、すなわち品質と生産性で決まります。サービスの難しさは、同時性、消費性、無形性、変動性という特徴が示すように、準備ができていないものについては、その場での対応が難しいことです。また、その準備についても、店員に依存する部分が多く、客も一人ひとり異なるため、サービス方法にばらつきが出ることです。IEでは、これらの現状を可視化および標準化をすることで、サービス方法のばらつきを小さくし、オペレーションという観点で品質と生産性の向上に貢献します。

第1章　IEとは何か？

# 1.2　IEによる現状の整理

　本書では、IEの特徴的な「人」「モノ」「情報」に視点を定め、流れなどを細かく分解して検討することだけでなく、より幅広い現状の可視化についても提案しています。特に1.1.6項「事務、販売、サービス(JHS)の特徴」を有する本書の対象については、柔軟に現状を整理することができる「もの・こと分析」が有効です。

　もの・こと分析は、中村善太郎慶應義塾大学名誉教授が約50年前に考案した手法で、仕事全体を「もの(資源)」と「こと(変化)」で構造化して捉え、システムを設計しようとするものです。分析的アプローチで用いる分析手法では、工程分析や稼働分析に見られるように、製品、作業者、機械・設備などの資源のうち、分析対象をその一部に限定していました。これに対し、もの・こと分析では、仕事に投入されているすべてのもの(作業者や場合によりそこで用いられている情報も含め)を分析対象にしている点が特徴です。

　次項以降、仕事を構造化して捉える部分を中心に議論を進めますので、この「もの・こと分析」を「仕事の構造分析」と呼ぶことにします。

## 1.2.1　分析の特徴

　「仕事の構造分析」の特徴を以下に示します。

### (1)　仕事を、資源である「もの」とその変化である「こと」として整理することができる

　仕事に投入される資源には、原材料、機械・設備、治工具、作業台、什器・備品、作業者、エネルギー、情報などさまざまなものがあります。問題の状況により、これらのものすべてを分析の対象とすることができます。

### (2)　改善の対象として扱う仕事の範囲を明確化、イメージ化することができる

　改善を行う対象の範囲として、ワークステーション、ライン、職場、工場、企業全体など、場合に応じて自由に設定できます。どのような範囲を分析対象としても、同じ構造で捉えることができます。

12

1.2　IEによる現状の整理

### ⑶　改善のためのアイデアを系統立てて出すことができる

仕事を構造化して分析するので、構造に沿って順序立ててアイデアを出していくことができます。思いつきでアイデアをバラバラに出していくより、アイデアを出すプロセスの効率化が図れます。

### ⑷　現状と改善後の比較ができる

現状の仕事について構造化して分析したものと、「あるべき姿」について構造化された結果を比較することで改善後の効果を見える化できます。

### ⑸　設計的アプローチが適用できる

現状の仕事を対象にして仕事の構造を把握し、「あるべき姿」を考えることも可能ですが、初めから「あるべき姿」を想定して仕事の構造を設計することもできます。

## 1.2.2　分析の考え方と手順

仕事の構造の基本的な手順とその考え方を説明します（図1.6）[14]。

手順①　この仕事の製品は何かを決める（終わりの状態を決める）

手順②　製品を生み出すために用いられる素材の状態を決める（始めの状態を決める）

　　　　仕事の改善や設計を行う対象とする仕事を「始めの状態」と「終わりの状態」として区切ります。先に述べたように、この区切り方は小さくも大きくもできます。この分析で登場する資源（もの）は丸（○）の中に示します。

手順③　素材には含まれるが、製品には含まれていないものを終わりの状態にある「残資源」とする（マテリアルバランスをとる）

　　　　素材は製品の構成要素であり、始めの状態にあるものです。製品は終わりの状態にあるものです。しかしながら、素材に含まれているものでも、製品にならない部分が存在する場合があり、これを「のこりもの」あるいは「残資源」と呼び、終わりの状態にあるものです。一

---

14)　仕事の構造分析では、始めの状態にある「素材」、終わりの状態にある「製品」、「残資源」を図、絵、写真などで示すことが大切です。これにより、仕事の内容がイメージ化され、仕事の内容がわかりやすくなります。

13

第1章　IEとは何か？

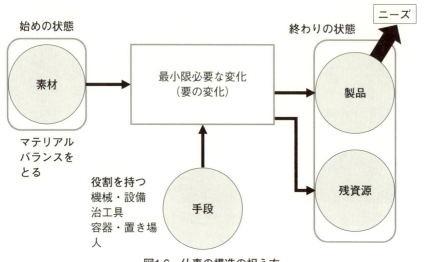

図1.6　仕事の構造の捉え方

般に、システムにインプットしたものは姿かたちを変えてシステムからアウトプットされます。そのため、素材と製品＋残資源とが対応しています。このような状況をマテリアルバランスといいます。

**手順④　素材から製品を得るために最小限必要な変化を列挙する（「要（かなめ）の変化」を列挙する）**

　素材は製品へと変化しますが、ここでは素材から製品への最小限必要な変化だけをとり上げ、「要の変化」と呼びます。要の変化は四角（□）の中に記述します。要の変化は現状で起きている変化をすべて書き出すのではなく、素材と製品との間でどう異なるのかという差異だけを見出します。現状の仕事での順序通りに列挙する必要はありません。

**手順⑤　変化を起こすのに用いられる資源を列挙する（手段の資源を列挙する）**

　手段の資源は仕事に投入されても、製品にはならない、素材以外のものです。これらの資源を丸（○）の中に列挙します。現状の仕事での順序通りに列挙する必要はありません。手段の資源は仕事のシステムの中で何らかの役割を演じています。すなわち、何らかの機能を持っているものです。もし、対象とするシステムの中で役割を持っていないものがあれば、仕事には必要がないものです。また、要の変化に関係している手段の資源は、それ以外の手段の資源よりも重要性が高い

1.2 IEによる現状の整理

ものと判断できます。

## 1.2.3 モデル作業

1.2.2項「分析の考え方と手順」で示した手順を「事務の方が来客にお茶を出す」という簡単な作業(以下では「お茶淹れ作業」と呼ぶ)の例に適用して分析してみましょう。

事務の方の「お茶淹れ作業」の内容を作業者工程分析[15]で示すと図1.7のようになります。なお、保管棚の前に電気ポットがのった作業台があり、流し台は作業台と隣り合っており、来客の机は作業台からは離れています。事務の方

| No. | 作業名 | ○ 作業 | □ 検査 | ⇨ 移動 | ▽ 手待ち |
|:---:|---|:---:|:---:|:---:|:---:|
| 1 | 電気ポットを持ち流しへ移動する。 | | | ⇨ | |
| 2 | 電気ポットの蓋を取り、水を入れ、蓋をする。 | ○ | | | |
| 3 | 電気ポットを持ち、作業台に移動する。 | | | ⇨ | |
| 4 | 電気ポットを置き、スイッチを入れる。 | ○ | | | |
| 5 | 保管棚から茶筒を取る。 | ○ | | | |
| 6 | 茶筒から茶葉を作業台の急須に入れる。 | ○ | | | |
| 7 | 茶筒を保管棚に戻す。 | ○ | | | |
| 8 | 湯が沸くのを待つ。 | | | | ▽ |
| 9 | 湯が沸いたことを確認する。 | | □ | | |
| 10 | 急須に湯を注ぎ電気ポットを置く。 | ○ | | | |
| 11 | お茶が出るのを待つ。 | | | | ▽ |
| 12 | 急須から茶碗にお茶を注ぐ。 | ○ | | | |
| 13 | お茶の色を確認する。 | | □ | | |
| 14 | 急須を置き、茶碗をトレイに載せる。 | ○ | | | |
| 15 | トレイを持ち来客のテーブルに移動する。 | | | ⇨ | |
| 16 | 来客のテーブルにお茶椀入りお茶を置く。 | ○ | | | |
| 17 | 作業台へ移動する。 | | | ⇨ | |
| 合計 | 17ステップ | 9 | 2 | 4 | 2 |

図1.7　お茶淹れ作業の作業者工程分析

---

15)　JIS Z 8141では作業者工程分析を、「作業者を中心に作業活動を系統的に工程図記号で表して調査・分析する手法(5203)」と定義しています。

第1章　IEとは何か？

は作業台の横にいて作業を始め、最後は作業台の横に戻ります。図1.8は「お茶淹れ作業」の仕事の構造分析結果です。

**手順①**：「茶碗入り茶」を製品と決めました。

**手順②**：茶碗入り茶の素材は、茶葉と水と茶碗です。始めの状態で、茶葉は茶筒に入っており、水は水道管の中にあります。本当に必要な資源は茶葉と水なので、茶筒や水道管は手段の資源に入れてあります。

**手順③**：茶葉や水の一部が使用され、残りの茶葉が茶筒に、残りの水がヤカンや急須の中に残ったので残資源に「残りの茶葉」「残りの水」と記入します。また、急須の中に茶殻が残っています。

**手順④**：要の変化には5個の変化が記されています。要の変化さえあれば素材を製品に変えることができます。また、要の変化は必ずしも作業者が行う変化とは限りません。したがって、作業者工程分析では分析できない要の変化もこの分析で把握できることがわかります。

**手順⑤**：手段の資源には、8個の資源が記されています。電気ポットは「水の温度を上げる」という要の変化に用いられています。このように手段の資源はこの仕事の中でそれぞれ役割を演じており、その役割は機能

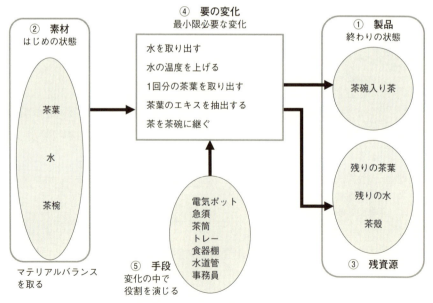

図1.8　お茶入れ作業の仕事の構造

とも呼ばれます。

## 1.2.4 仕事の構造からアイデアを出す

仕事の構造分析の活用の一つに、仕事の設計・改善のためのアイデアを系統的に出すことがあります。このモデル作業（お茶淹れ作業）について、その考え方を示します。アイデアを出す順序は分析の手順と同じです。

### (1) 製品のアイデア

製品には必ずニーズ（要求）があります。もしニーズがなければその製品は必要ありません。このニーズを満たす別のものがないかを考えます。

「お茶淹れ作業」において、「茶碗入り茶」のニーズが、例えば「来客の喉を潤す」ということだとします。このニーズを満たすものとして「ペットボトルの水」「ミルクティー」「缶コーヒー」などが考えられます。もし、「缶コーヒー」を採用するとお茶淹れモデルのシステムはなくなり、代わりに「缶コーヒー」を購入するシステムとなります。このように、製品を変えることは設計変更と呼ばれます。設計変更はシステムを大きく変えるので大きい効果を得ることができます。しかし、現場の作業者だけでこのような変更はできません。多くの場合、設計者や生産技術、職場の上司が中心となり意思決定をする必要があります。

### (2) 素材（残資源・要の変化）のアイデア

素材を変更するアイデアには、残資源を減らす方向と、要の変化を減らす方向があります。

「お茶淹れ作業」で残資源を減らすアイデアの例として「残りの茶葉」をなくすことが考えられます。これは、必要のない素材を現場に投入するムダをなくすことを意味します。「残りの水」も同様です。「残りの水」をなくすと必要な量だけ水の温度を上げればよくなるため、省資源、$CO_2$削減の効果が期待できます。「茶殻」はなくせるでしょうか。考えてみてください。なお、この内容は手順③に対応する残資源をなくすアイデアです。

次に、要の変化をなくすアイデアの例として「水の温度を上げる」を考えてみます。

要の変化をなくすアイデアの一つは「あらかじめ水の温度を上げておく」で

第1章　IEとは何か？

す。いわゆる前段取りをしておくことにあたります。段取り[16]は素材から製品への流れを止めずに別のところで行う外段取りと、流れを止めて行う内段取りがあります。内段取りの外段取り化により稼働率の向上が期待できます。なお、この内容は手順④に対応する要の変化をなくすアイデアになります。

## (3)　要の変化のアイデア

　製品や素材が変わらないとしたときには、要の変化の内容は変わりません。ここでのアイデアは、複数の変化を同時に行えないか、変化の順序を変更できないかを検討することです。

　1.1.5項「改善の原則（IEステップ③で実施する改善案検討）」において、ECRSの原則について解説しました。要の変化はこの仕事における変化の中で「E：なくせないか」をすでに適用した状態にあります。次に適用するのは、「C：一緒にできないか」と「R：順序が変えられないか」の適用になります。例えば「水の温度を上げる」と「エキスを抽出する」について順序を変え、先に水でエキスを抽出して、後で温度を上げる方法や、温度を上げながら同時にエキスを抽出する方法が考えられます。

## (4)　手段の資源のアイデア

　すでに述べたように、手段の資源はこの仕事の中の変化に関連してそれぞれの役割を演じています。このステップでは、これらの資源の仕事における機能を把握して、その機能を満たす別の資源を探します。

　例えば、「水の温度を上げる」機能を持つ電気ポットに代わるアイデアを出すことになります。このアイデアは、エネルギーの種類、それに用いる道具の組合せでさまざまな方法が考えられます。手段の資源を変更するアイデアは、(1)の製品の変更と比較して、変更しやすいアイデアと考えられます。

　以上のアイデアの種類をまとめて図1.9に示します。アイデアのレベルが上になるほど大きい改善に結びつきますが、現場だけで対応することは難しくなります。また、図1.9に示したように上記(4)のさらに下のレベルとして作業方法、レイアウトのアイデアがあります。アイデアのレベルから見ると作業方法の変更やレイアウトの変更は比較的実行しやすいアイデアであることがわかり

---

16)　JIS Z 8141では段取り替えを、「品種又は工程内容を切り替える際に生じる材料、機械、治工具、図面などの準備及び試し加工」と定義しています。

1.2 IEによる現状の整理

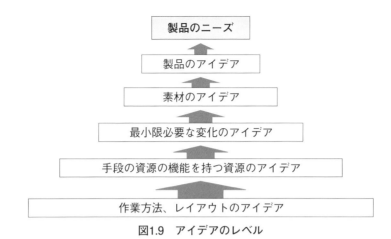

図1.9 アイデアのレベル

ます。

### 1.2.5 問題解決と仕事の構造

1.1.2項「IEにおける問題解決の手順（ステップ）」では、「問題とは、目標（あるべき姿）と現状の差（ギャップ）である」と定義しています。しかし、国語辞典を引いてみると、例えば次のように記されています。

> ①答えを求めて他が出しまたは自分で設けた問い。⑦実力を試したり練習したりするための問い。④研究・議論により、または策を講じて、解決すべき事柄。②問題①に似たあり方のもの。⑦扱いが面倒な事件。④人々の注目を集めている、集めてしかるべきこと。」（岩波国語辞典第六版）。

そこで、問題解決を仕事の構造と同様に問題を広く捉え、図1.10のように構造化してみます。この図1.10では問題解決の流れが当たり前のように表現されているのですが、以下に説明を加えていきます。

まず、「問題が解かれた状態」についてです。仕事の中で問題解決を行うためには、顧客・企業・組織などに対する目的やニーズがあるはずです。もし、目的やニーズがなければその問題を解く必要はありません。そのため、問題解決を行うときには始めに、「その問題は何のために解決するのか」を明確にする必要があります。問題が解かれた状態には1つだけではなく、多くの答えが

19

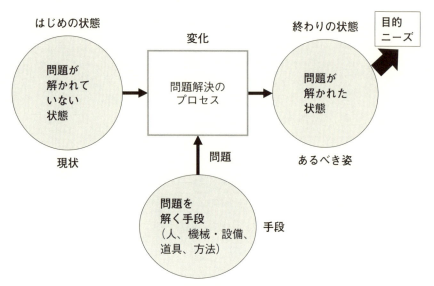

図1.10　問題解決の流れの構造化

あるはずです。その中で最もよい「問題が解かれた状態」を選ぶための目標や評価尺度には、一般に以下のようなものが考えられます。

① P(Productivity：生産性)
② Q(Quality：品質)
③ C(Cost：コスト・金額)
④ D(Delivery：時間・量)
⑤ S(Safety：安全性)
⑥ M(Morale：モラール、士気、やる気、作業環境)
⑦ E(Environment：自然環境、社会環境)

次に、「問題解決のプロセス」に着目しましょう。図1.10ではプロセスが1本の矢印で表現されていますが、仕事の構造で示したように多くのプロセスが考えられます。分析的アプローチと設計的アプローチもこのプロセスの代替案です。そして、多くのプロセスから最適なプロセスを求める必要があり、そのときにも先に示したPQCDSMEなどの評価尺度により評価することになります。

始めの状態である「問題が解かれていない状態」では問題を明確化し、どのような問題であるかを把握します。

例えば、この問題の制約条件、問題の発生頻度、問題の規模、問題にかかわ

るステークホルダー（利害関係者）など問題を解くために必要な情報を集める必要があります。問題についての状況はできる限りデータを集め、データにより議論することが重要です。

最後に、「手段」についてです。問題を解決するためにはさまざまな手段が必要になります。解決にあたる人、それを補助する人などの人財を集め、問題の解決の方向に向かってプロセスを進めていきます。機械・設備といえばコンピュータを思い浮かべるかもしれませんが、実験を行う機械や建物も必要になるかもしれません。また、筆記具、紙など問題を解く時にいろいろな道具を用いることもあります。そして、解く方法としてこの本で扱っているQCやIE等の管理技術が役に立ちます。

このように問題を解決する流れを、仕事の構造と同様な考え方で整理することで問題を解き易くできると考えます。第2章から第5章では、JHSに関わる4つの問題について解決の考え方を学びます。各章では仕事の構造の発想を用いた説明があります。第2章、第3章では、時間の使い方、第4章、第5章では、ニーズへの対応を仕事の構造分析を用いて解説しています。

# 1.3 各章の構成

第2章以降の構成を表1.2に示します。第1節では、IEにおける問題解決のステップで行った改善事例を紹介しています。第2節では、事例で用いられたIEの考え方について説明しています。第3節では、第2節に基づき、IE手法のさらなる活用の可能性を検討しています。第4節では、第1節で用いられた手法に対する具体的手順について解説しています。第5節では、事例で行われた内容を仕事の構造分析により整理し、構造という観点で可視化を試みます。

表1.2　各章の構成

| 節 | 題目 |
|---|---|
| 1 | 事例紹介 |
| 2 | 改善事例におけるIEの考え方および手法 |
| 3 | IE手法の発展的活用 |
| 4 | 事例における分析の詳細 |
| 5 | 事例における構造の可視化 |

第1章　IEとは何か？

## 第1章の引用・参考文献

[1] ジェラルド・ナドラー、村松林太郎訳：『ワーク・デザイン』、建帛社、1966年

[2] 『QCの考え方に基づくIE手法活用による工程改善実践セミナーテキスト』、日本科学技術連盟、2019年

[3] VCP-Net研究会：『知の巡りをよくする手法の連携活用—サービス・製品の価値を高める価値創生プロセスのデザイン』、日本規格協会、2014年

[4] 木内正光：「特集：成果につなげる　発想力をつける　ツール3　ECRS」、『QCサークル』、2016年5月号、日本科学技術連盟

[5] 永井一志、木内正光、大藤正：『IE手法入門』、日科技連出版社、2007年

[6] 木内正光：「特集：七つ道具を超えろ 事例3　ムリ・ムダ・ムラの把握方法」、『QCサークル』、2021年9月号、日本科学技術連盟

# 第2章

# オフィスにおける
# 情報の流れを考えよう

## 第2章

# オフィスにおける
# 情報の流れを考えよう

　事務処理を行うとき、「いつの間にか大量の仕事を抱えてしまう」「仕事量が見えず、いつ終わるかわからなくなる」といった感覚に陥ったことはないでしょうか。

　事務・販売・サービス部門に限らず、仕事において書類の作成やデータの分析などは、数多く行われます。しかしながら、情報自体には触れることができないため、その多くは適切な業務量の把握が困難です。本章では、オフィス業務を中心に情報の流れを可視化する方法を取り上げています。業務改善やリードタイム短縮など、その成果にスポットが当たりがちですが、まずは対象をとらえて分解してみることで、問題の多くが解決に向います。

## 2.1　事例紹介：コールセンターでの管理者業務の改善

### 2.1.1　コールセンター：本来やるべき業務に注力できる工数捻出の改善

---

**【事例会社】**

業　　種　：コールセンター

対象者　　：オペレーターを直接指導する管理者

業務内容：お客様との電話・メールのやり取り・申請手続き

外部環境：近年の情報漏洩・誤登録に対するリスクが増大している

主業務　　：オペレーターの育成、問合せの二次対応、業務進捗管理・報告

補助業務：メール、システム登録のダブルチェック

---

　ある企業のコールセンターでの管理者業務の改善事例です。みなさんの会社、職場にも電話やメールでお客様とやり取りをする場面があるでしょう。近年はメールの誤送信、申請手続きの誤登録による個人情報漏洩は、規模にもよりま

25

第2章　オフィスにおける情報の流れを考えよう

すが個人情報保護法の観点でメディアでも大きく取り上げられています。ひとたび個人情報漏洩が起これば社会的な信用失墜にもつながります。

　そのため、メールや登録業務を行うオペレーターを直接指導・管理する管理者は、個人情報の漏洩が発生しないようにチェック体制の整備などを工夫しています。しかし、オペレーターが業務に集中できるようにしながらも、コールセンターのサービスレベルを維持する役割が、管理者にはあります。本来管理者は、業務の進捗管理、問合せでの不明点の解消、オペレーターの育成に時間を使うべきなのですが、それ以外にも管理者のタスクが多く、本来やるべきことができていない状態です。繁忙期に合わせ、11月までに、新人オペレーターを採用、育成の工数捻出をすることがセンター運営の直近の課題です。

## 2.1.2　IEの問題解決ステップでコールセンター改善を考える

### ⑴　問題の認識：管理者の工数削減

　管理者のタスクが過多であり、コールセンターのサービスレベルを維持、業務の進捗管理、問合せでの不明点の解消、オペレーターの育成といった本来やるべきことに時間をかけられていません。特に、11月からの新人オペレーター育成の工数捻出が課題でした。そこでテーマを「管理者の工数低減」とし、改善活動を開始しました。

### ⑵　問題の明確化：可視化でわかった「移動」「手待ち」「検査」のムダ

　このコールセンターでは、メール誤送信の防止のため、管理者によるダブルチェック後の送信になっています。また、各種申請のシステム登録作業を間違いなく行うために、管理者と2名体制で確認・登録を行っています。現状における管理者の1日の業務を把握したところ、チェック作業にかかわる2業務で3時間30分もの時間を費やしていることがわかりました（図2.1）。

　チェック作業について、さらに工程分析で業務を詳細に分析しました（図2.2）。その結果、管理者によるチェック作業は「メール送信チェック」で1回、移動も含めて4分、「取消申請のシステム登録チェック」で2回、6分かかっていることがわかりました。11月より新人オペレーターの育成に1日2時間工数が必要なため、目標は9月末までに2時間／日の削減としました。

26

## 2.1 事例紹介：コールセンターでの管理者業務の改善

チェック作業に**3時間30分**もの時間が発生

図2.1　業務の現状把握

■メール送信チェック

| 順序 | 作業名 | 距離(m) | 時間 | 作業 | 検査 | 移動 | 手待ち | |
|---|---|---|---|---|---|---|---|---|
| 1 | 作業すべき返信メールの印刷物を見つける | 1.0 | 0:00:30 | | | → | | |
| 2 | 受信ボックスから返信すべきメールを見つける | | 0:02:00 | | □ | | | |
| 3 | 返信メールを作成する | | 0:10:00 | ○ | | | | |
| 4 | チェックリストを取りに行く | 1.0 | 0:00:30 | | | → | | |
| 5 | チェックリストに従い、返信メールをチェックする | | 0:04:00 | | □ | | | |
| 6 | 管理者を呼ぶ | | 0:01:00 | ○ | | | | |
| 7 | 管理者がオペレーターの席へ向かう | 2.0 | 0:01:00 | | | | ▽ | 管理者チェック |
| 8 | 管理者がチェックリストに従い、返信メールをチェックする | | 0:03:00 | | ■ | | | |
| 9 | 送信ボタンを押下する | | 0:00:30 | ○ | | | | |
| 10 | メールの印刷物に送信時間を記録する | | 0:00:30 | ○ | | | | |
| 11 | 送信完了ボックスへ返却する | 1.0 | 0:00:30 | | | → | | |
| | 合計 | 5.0 | 0:23:30 | 3回/11分 | 3回/9分 | 3回/1.5分 | 2回/2分 | |

■取消申請のシステム登録チェック

| 順序 | 作業名 | 距離(m) | 時間 | 作業 | 検査 | 移動 | 手待ち | |
|---|---|---|---|---|---|---|---|---|
| 1 | メール受信ボックスから印刷された申請用紙を取りに行く | 1.0 | 0:00:30 | | | → | | |
| 2 | オペレーターが申請用紙をチェックする | | 0:03:00 | | □ | | | |
| 3 | システムから「取消」を入力する | | 0:03:00 | ○ | | | | |
| 4 | 管理者を呼ぶ | | 0:01:00 | ○ | | | | 管理者チェック |
| 5 | 管理者がオペレーターの席へ向かう | 2.0 | 0:01:00 | | | | ▽ | |
| 6 | 管理者と2名確認を実施する | | 0:02:00 | | ■ | | | |
| 7 | 取消確定ボタンを押下する | | 0:00:30 | ○ | | | | |
| 8 | システムにコメント入力をする | | 0:03:00 | ○ | | | | |
| 9 | 管理者を呼ぶ | | 0:01:00 | ○ | | | | 管理者チェック |
| 10 | 管理者がオペレーターの席へ向かう | 2.0 | 0:01:00 | | | | ▽ | |
| 11 | 管理者と2名確認を実施する | | 0:02:00 | | ■ | | | |
| 12 | コメント入力確定ボタンを押下する | | 0:01:00 | ○ | | | | |
| 13 | 受付記録を記入する | | 0:00:15 | ○ | | | | |
| 14 | システムで連絡票を作成する | | 0:02:00 | ○ | | | | |
| 15 | オペレーター同士で内容をチェックする | | 0:01:00 | | □ | | | |
| 16 | 受付記録を記入する | | 0:00:15 | ○ | | | | |
| 17 | 申請用紙を完了ボックスへ返却する | 1.0 | 0:00:30 | | | → | | |
| 18 | 正しく処理が完了しているか最終確認をする | | 0:01:00 | | □ | | | |
| | 合計 | 6.0 | 0:24:00 | 7回/10分 | 5回/9分 | 2回/1分 | 4回/4分 | |

図2.2　工程分析（オペレーター視点で分析）

### (3) 解決案の列挙：管理者のタスクを減らすには

付加価値を生まない「移動」「手待ち」、極力少なくしたい「検査」を対象と

第2章　オフィスにおける情報の流れを考えよう

してECRS（第1章、表1.1、p.10）の観点で検討し、問題解決の基本目的を「管理者タスクオーバーの改善をする」とし解決案を系統図法[1]で導出しました（図2.3）。系統図法は目的を達成するために必要な手段を系統的に枝分れさせながら展開して最適な手段を見つけて行く手法です。

(4)　**解決案の選定：チェック工数削減で主業務の時間捻出**

「効果」「実現性」などの評価項目にもとづきマトリックス図[2]で評価を実施し、「チェックリストの作成」「チェック範囲の再検討」「品質担当に目的確認」を選定しました（図2.3）。

(5)　**解決案の実施：作業の目的を確認し担当、作業のやり方を改善**

「チェック＝管理者がするもの」「チェックは全件するもの」という固定概念に基づいたルールを見直すため、処理別に必要性・目的を品質担当者にミスの発生率も示したうえで確認しました。セキュリティの観点から個人情報漏洩が起こり得る添付ファイルがついているメールのみ、管理者がチェックを行うこととしました。それ以外はオペレーター同士でチェックするようにルールを変更し、管理者によるチェックを削減（一部排除（E））しました。それにより管理

図2.3　系統マトリックス図法[3]

---

1) JIS Q 9024では系統図を、「目的を設定し、この目的に到達する手段を系統的に展開した図」と説明しています。詳細については、2.4.2項を参照ください。
2) JIS Q 9024ではマトリックス図を、「行に属する要素と列に属する要素によって二元的配置にした図」と説明しています。詳細については、2.4.2項を参照ください。
3) 系統マトリックス図は、系統図とマトリックス図が合わさったものです。詳細については、2.4.2項を参照ください。

者が呼ばれることによる移動・手待ちも減らす（一部排除(E)）ことができました。前工程のチェックリストも見直し、オペレーター教育をすることでチェック精度も高めました。

## ⑹ 解決案の評価：1日あたり2時間30分の工数削減

「メール送信チェック」をオペレーター同士のチェックに変更することにより、管理者の手待ち時間が短縮され、1件当たり1分45秒の改善（図2.4）を達成しました。また検査箇所・手待ち時間の見直しにより、「取消申請のシステム登録チェック」においては、1件当たり4分30秒の改善を達成することができました（図2.5）。

解決案実施後、再度管理者の1日の業務を確認したところ、「添付ファイルつきのメールチェック」は残るものの、オペレーターの精度の向上のためなど作

〈改善前〉

| 順序 | 作業名 | 距離（m） | 時間 | 作業 | 検査 | 移動 | 手待ち | |
|---|---|---|---|---|---|---|---|---|
| 1 | 作業すべき返信メールの印刷物を見つける | 1.0 | 0:00:30 | | | | | |
| 2 | 受信ボックスから返信すべきメールを見つける | | 0:02:00 | | | | | |
| 3 | 返信メールを作成する | | 0:10:00 | | | | | |
| 4 | チェックリストを取りに行く | 1.0 | 0:00:30 | | | | | |
| 5 | チェックリストに従い、返信メールをチェックする | | 0:04:00 | | | | | |
| 6 | 管理者を呼ぶ | | 0:01:00 | | | | | 管理者チェック |
| 7 | 管理者がオペレーターの席へ向かう | 2.0 | 0:01:00 | | | | | |
| 8 | 管理者がチェックリストに従い、返信メールをチェックする | | 0:03:00 | | | | | |
| 9 | 送信ボタンを押下する | | 0:00:30 | | | | | |
| 10 | メールの印刷物に送信時間を記録する | | 0:00:30 | | | | | |
| 11 | 送信完了ボックスへ返却する | 1.0 | 0:00:30 | | | | | |
| | 合計 | 5.0 | 0:23:30 | 3回/11分 | 3回/9分 | 3回/1.5分 | 2回/2分 | |

〈改善後〉

| 順序 | 作業名 | 距離（m） | 時間 | 作業 | 検査 | 移動 | 手待ち |
|---|---|---|---|---|---|---|---|
| 1 | 作業すべき返信メールの印刷物を見つける | 1.0 | 0:00:30 | | | | |
| 2 | 受信ボックスから返信すべきメールを見つける | | 0:02:00 | | | | |
| 3 | 返信メールを作成する | | 0:10:00 | | | | |
| 5 | チェックリストに従い、返信メールをチェックする | | 0:04:00 | | | | |
| 6 | 隣のオペレーターを呼ぶ | | 0:00:15 | | | | |
| 8 | チェックリストに従い、返信メールをチェックする | | 0:03:00 | | | | |
| 9 | 送信ボタンを押下する | | 0:00:30 | | | | |
| 10 | メールの印刷物に送信時間を記録する | | 0:00:30 | | | | |
| 11 | 送信完了ボックスへ返却する | 1.0 | 0:00:30 | | | | |
| | 合計 | 2.0 | 0:21:15 | 3回/11分 | 3回/9分 | 2回/1分 | 1回/15秒 |

**図2.4　メール送信チェックの改善前・改善後の工程分析比較**

第2章　オフィスにおける情報の流れを考えよう

### 〈改善前〉

| 順序 | 作業名 | 距離(m) | 時間 | 作業 | 検査 | 移動 | 手待ち |
|---|---|---|---|---|---|---|---|
| 1 | メール受信ボックスから印刷された申請用紙を取りに行く | 1.0 | 0:00:30 | | | ○→ | |
| 2 | オペレーターが申請用紙をチェックする | | 0:03:00 | | □ | | |
| 3 | システムから「取消」を入力する | | 0:03:00 | ○ | | | |
| 4 | 管理者を呼ぶ | | 0:01:00 | | | | ▽ |
| 5 | 管理者がオペレーターの席へ向かう | 2.0 | 0:01:00 | | | | ▼ |
| 6 | 管理者と2名確認を実施する | | 0:02:00 | | ■ | | |
| 7 | 取消確定ボタンを押下する | | 0:00:30 | ○ | | | |
| 8 | システムにコメント入力をする | | 0:03:00 | ○ | | | |
| 9 | 管理者を呼ぶ | | 0:01:00 | | | | ▽ |
| 10 | 管理者がオペレーターの席へ向かう | 2.0 | 0:01:00 | | | | ▼ |
| 11 | 管理者と2名確認を実施する | | 0:02:00 | | ■ | | |
| 12 | コメント入力確定ボタンを押下する | | 0:01:00 | ○ | | | |
| 13 | 受付記録を記入する | | 0:00:15 | ○ | | | |
| 14 | システムで連絡票を作成する | | 0:02:00 | ○ | | | |
| 15 | オペレーター同士で内容をチェックする | | 0:01:00 | | □ | | |
| 16 | 受付記録を記入する | | 0:00:15 | ○ | | | |
| 17 | 申請用紙を完了ボックスへ返却する | 1.0 | 0:00:30 | | | ○→ | |
| 18 | 正しく処理が完了しているか最終確認をする | | 0:01:00 | | □ | | |
| 合計 | | 6.0 | 0:24:00 | 7回/10分 | 5回/9分 | 2回/1分 | 4回/4分 |

（右側注記：管理者チェック／管理者チェック）

### 〈改善後〉

| 順序 | 作業名 | 距離(m) | 時間 | 作業 | 検査 | 移動 | 手待ち |
|---|---|---|---|---|---|---|---|
| 1 | メール受信ボックスから印刷された申請用紙を取りに行く | 1.0 | 0:00:30 | | | ○→ | |
| 2 | オペレーターが申請用紙をチェックする | | 0:03:00 | | □ | | |
| 3 | システムから「取消」を入力する | | 0:03:00 | ○ | | | |
| 4 | 隣のオペレーターを呼ぶ | | 0:00:15 | | | | ▽ |
| 5 | 2名確認を実施する | | 0:02:00 | | □ | | |
| 6 | 取消確定ボタンを押下する | | 0:00:30 | ○ | | | |
| 7 | システムにコメント入力をする | | 0:03:00 | ○ | | | |
| 8 | コメント内容を確認する | | 0:01:00 | ○ | | | |
| 9 | コメント入力確定ボタンを押下する | | 0:01:00 | ○ | | | |
| 10 | 受付記録を記入する | | 0:00:15 | ○ | | | |
| 11 | システムで連絡票を作成する | | 0:02:00 | ○ | | | |
| 12 | 隣のオペレーターを呼ぶ | | 0:00:15 | | | | ▽ |
| 13 | オペレーター同士で内容をチェックする | | 0:01:00 | | □ | | |
| 14 | 受付記録を記入する | | 0:00:15 | ○ | | | |
| 15 | 申請用紙を完了ボックスへ返却する | 1.0 | 0:00:30 | | | ○→ | |
| 16 | 正しく処理が完了しているか最終確認をする | | 0:01:00 | | □ | | |
| 合計 | | 2.0 | 0:19:30 | 8回/11分 | 4回/7分 | 2回/1分 | 2回/30秒 |

**図2.5　取消申請のシステム登録の改善前・改善後の工程分析比較**

業手順の見直しも行い、管理者の「取消申請のシステム登録チェック」は排除することができました。その結果、1日当たりの稼働時間で2時間30分の削減に成功し、目標の2時間削減を大幅に上回る効果を得ることができました。

　これにより管理者の負担が減り、新人オペレーター育成のための時間を確保するなど、本来の主業務に有効利用できる時間を捻出することができました（図2.6)。

## 2.1 事例紹介：コールセンターでの管理者業務の改善

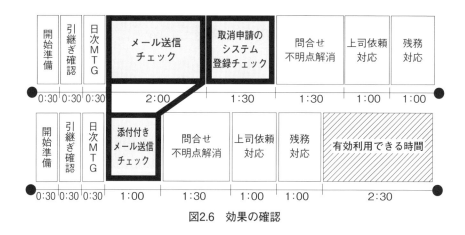

図2.6　効果の確認

(7) 解決案の確立：手順書改訂の標準化と管理の定着

効果が維持できるように、歯止めとして次のようなことを実施しました。
① 作業手順書の改訂
② 見直したチェックリストによる既存オペレーターへの教育、および新規採用者への教育
③ 教えたことが確実に行われているか業務モニタリングの実施
④ ミス率の継続的な監視の仕組化

(8) 優先度が低い管理者業務の洗い出し、見直しの要点

新人オペレーター育成のための管理者の工数削減をテーマとし、現状把握として管理者タスクの1日あたりの工数把握を行うことで「管理者チェック」を行っている2業務にもっとも時間がかかっていることを発見しました。

次に2つの「管理者チェック」業務に対しそれぞれ工程分析によってさらに詳細に現状把握、新人オペレーター育成のために2時間の捻出を目標としています。工程分析の結果から改善すべきターゲット「移動」「手待ち」「検査」をECRSの観点で検討を行い、対策の検討と実施を行っています。対策後に効果の確認、効果を維持するために標準化と管理の定着を行っています。

人や情報、モノの動きが絡む問題を解決する場合には、事例のようにIE手法を使うことをおすすめします。

第2章　オフィスにおける情報の流れを考えよう

## 2.2　コールセンター改善事例におけるIEの考え方および手法

　ここでは本章の事例について、用いられたIEの考え方とIE手法について解説します。

　はじめに、「(2)問題の明確化」において業務状況を確認しています。事務業務においては、気が付くと多くの仕事を抱えており、自分の仕事の量がよくわからなくなってしまうことがあります。このような状態(何となくのモヤモヤ感)の解消は、現状と向き合うことができるか、そして問題を可視化できるかにかかわってきます。可視化の効果は感覚的にわかってはいたが、ひと手間の面倒のため躊躇をしていたという方は、ぜひ、自分の業務状況を「図2.1　業務の現状把握」(p.27)のように書いてみてください。これだけで大きな成果が期待できます。なお、図2.1はIE手法による分析結果ではありませんが、「対象を分解する」というIEにおける大切な考え方を表しています。

　続いて「チェック作業」に焦点を当て、工程分析を実施しています。工程分析はIE手法の1つであり、対象の流れを記号により可視化することが特徴です。ここで用いている工程分析は、人を視点とする作業者工程分析です。業務を遂行する人に視点を合わせ、業務を視ながら記号(表2.1)[4]に変換していきます。具体的には、人の業務を「○○を□□する(名詞＋動詞)」の機能表現で表し、上から下へと時系列に記載します。さらに記号、時間、距離などを記載していきます。工程図記号の並びは、左から作業、検査と付加価値の高い工程となっ

**表2.1　作業者工程分析における工程図記号の意味[2]**

| 記号 | 記号の名称 | 意味 |
|------|-----------|------|
| ○ | 加工 | 対象者が変化を加えたり、ほかの物と分解したり、組み立てたりする行為 |
| □ | 検査 | 数量または品質を調べる、基準と照合して判定するなどの行為 |
| ⇨ | 移動 | 対象物をある場所からほかの場所に運搬したり、何も持たずに移動したりする行為 |
| ▽ | 手待ち | 運搬具の到着待ち、自動加工中の加工終了待ちなど作業者が待っている状態 |

---

4)　表2.1と表2.2における記号の名称の違いは、工程分析の視点の違いです(表2.1：人、表2.2：情報)。

32

ており、右の端は価値を生まない手待ちとなっています(図2.2、図2.4、図2.5参照)。

工程分析の後、上述の上下の縦軸と、左右の横軸を中心に検討をしていきます。はじめに横軸を見て、記号に偏りがないかどうかを確認します。ここで作業者の業務について、全体的な特徴を大筋でつかむことができます。次に、縦軸を見て1つひとつの業務についてECRS(Eliminate(排除)、Combine(結合と分離)、Rearrange(入替えと代替)、Simplify(簡素化))を行えないかどうか検討します。

「○」の作業記号については、品質を作り込む記号となるので、問いかけ不要と考えるかも知れませんが、作業者工程分析は人の業務に対して記号化をするため、今までの慣例で続けてきた、理由のわからない不必要な業務が含まれている可能性があります。したがって、すべての業務に対してECRSを検討する必要があります。

## 2.3 IE手法の発展的活用：「人」「モノ」「情報」の視点で現状を把握

本事例で紹介した工程分析は、人に視点を定めて実施をしましたが、モノや情報に視点を定めることもできます[3]。本事例は事務業務であり、人の仕事の対象は情報となるため、情報を対象とした工程分析を行うこともできます。

図2.7は、図2.4(p.29)「メール送信チェックの改善前・改善後の工程分析比較」において「情報」に視点を当て、その流れを可視化したものです。具体的には、「情報」を主役として考えるため、情報がどのような影響を与えられるかを表現していきます。したがって、「○○に確認される」「○○に送られる」など、受動態での表現となります。

情報の流れを示す記号については、作業者工程分析と同じですが、記号の意味が少し異なります(表2.2)。例えば、「▽」については、作業者工程分析では手待ちとなりますが、情報を対象とした工程分析では、「▽」を計画どおりの貯蔵、「▷」を計画に反しての滞留となり、両者を区別しています。この違いについては、対象がどのぐらいの時間で移動するかなど、的確に把握されているときは「▽」、いつまで置かれているかわからない場合は「▷」となります。

工程分析後は、記号を中心に改善案を考えることになりますが、工程図記号

第2章　オフィスにおける情報の流れを考えよう

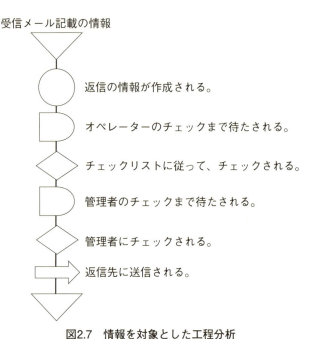

図2.7　情報を対象とした工程分析

表2.2　情報を対象とした工程分析における工程図記号の意味[4]

| 記号 | 記号の名称 | 意味 |
|---|---|---|
| ○ | 加工 | 情報が作られる、あるいは内容に変化が加わる過程を表す。 |
| ◇ | 検査 | 情報が要求事項を満たしているかどうかを判定する過程を表す。 |
| ⇒ | 運搬 | 情報の移動を示し、伝わる過程を表す。 |
| ▽ | 貯蔵 | 情報が計画的に保存されている状態を表す。 |
| ◠ | 滞留 | 情報が計画に反して滞っている状態を表す。 |

を示す際、後工程から記述することが大切です。品質管理における「後工程はお客様」に基づいているからです。後工程に必要な情報は、「前工程ではどのように取り扱われているのか」「さらにその前工程ではどうか」などを考えることで、工程間の関係性が明確になります。組織で仕事をすると、どうしても

2.4 事例における分析の詳細

所属する組織内での最適性を求めてしまいますが、視点をモノや情報とすることで、組織をまたいで、組織全体に目を向けることにもつながります。

## 2.4 事例における分析の詳細

本事例で活用された、「作業者工程分析」と「系統マトリックス図」の分析および作成手順を解説します。

### 2.4.1 作業者工程分析手順

#### ⑴ 対象者を決める

テーマに沿った対象者を決めます。本例の場合は、管理者におけるチェック作業の詳細を明確にするため、その発生主体となるオペレーターを対象としています。

#### ⑵ 対象者の仕事の流れを把握し、一つひとつの作業名を定義する

「⑴対象者を決める」で設定した人に視点を合わせ、仕事の流れを視ていきます(図2.8 ⑵)。仕事については、「○○を□□する」という機能表現を用いて、一つひとつ作業名を付けます。作業を定義することは、作業の始めと終わりを明確にすることであり、これが「⑶一つひとつの作業に対して、距離および時間を測定する」の「測定ポイント」になります。図2.9は、「返信メールを作成

| 順序 | 作業名 | 距離(m) | 時間 | 作業 | 検査 | 移動 | 手待ち |
|---|---|---|---|---|---|---|---|
| 1 | 作業すべき返信メールの印刷物を見つける | 1.0 | 0:00:30 | | | | |
| 2 | 受信ボックスから返信すべきメールを見つける | | 0:02:00 | | | | |
| 3 | 返信メールを作成する | | 0:10:00 | | | | |
| 4 | チェックリストを取りに行く | 1.0 | 0:00:30 | | | | |
| 5 | チェックリストに従い、返信メールをチェックする | | 0:04:00 | | | | |
| 6 | 管理者を呼ぶ | | 0:01:00 | | | | |
| 7 | 管理者がオペレーターの席へ向かう | 2.0 | 0:01:00 | | | | |
| 8 | 管理者がチェックリストに従い、返信メールをチェックする | | 0:03:00 | | | | |
| 9 | 送信ボタンを押下する | | 0:00:30 | | | | |
| 10 | メールの印刷物に送信時間を記録する | | 0:00:30 | | | | |
| 11 | 送信完了ボックスへ返却する | 1.0 | 0:00:30 | | | | |
| | 合計 | 5.0 | 0:23:30 | 3回/11分 | 3回/9分 | 3回/1.5分 | 2回/2分 |

■メール送信チェック 改善前　⑵　⑶　⑷　分析記号　管理者チェック

図2.8　作業者工程分析の手順との対応

第2章　オフィスにおける情報の流れを考えよう

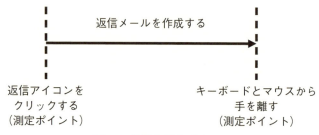

図2.9　作業と測定ポイント

する」という作業において、対象者が返信アイコンをクリックする瞬間が開始時点となり、キーボードとマウスから手を離した瞬間が終了時点となります。

(3)　一つひとつの作業に対して、距離および時間を測定する

　対象者について、「(2)対象者の仕事の流れを把握し、一つひとつの作業名を定義する」で定義した作業の測定ポイントで時間を読み取ります(図2.8 (3))。また、移動がある場合は、その距離も測定します。本事例では作業時間のばらつきについては触れておりませんが、複数回観測することで作業時間にばらつきが出る場合があります。改善の糸口の一つとなり得ますので、(2)の時点でばらつきの発生が見込める場合は、複数回の観測が有効です。

　観測については、観測者が対象者を視ながら直接的に読み取るか、可能であれば動画撮影などをして、確認しながら時刻を読み取り測定します。観測が難しい場合は、対象者本人に記録を取ってもらうことになりますが、この場合、複数回行うことで、測定精度を向上させる工夫が必要です。

(4)　一つひとつの作業に対して分析記号化をし、考察する

　一つひとつの作業に対して、作業者工程分析記号(表2.1、p.32)により記号化をします(図2.8 (4))。記号化を通して、作業を分ける必要性など、(2)で定義した作業単位の適切性についても確認ができます。最後に記号ごとに回数および時間値を集計し、さらに作業の問題点などについてはECRSの観点も用いて検討します。

## 2.4 事例における分析の詳細

### 2.4.2 系統マトリックス図作成手順

(1) 目的を決める

　活動や改善などの基本目的を設定します(図2.10(1))。本事例のように工程分析から攻めどころや狙いどころを定めます。または特性要因図により要因の解析および検証をした後に、真因(ターゲット)に対して、「○○を○○する」と表現して本手法につなげます。目的に対しては予め人員やコストなどの制約条件を設けておき、手段を検討していく場合もあります。これは検討する手段に実現性を持たせる効果があります。なお、目的によっては手段の検討がしにくい場合があります。このときは、すでに(3)と同様、「何のために」という思考を用いて根源的な目的を確認する必要があります。

(2) 手段を検討し、展開する

　「(1)目的を決める」の目的に対して、「ためには」という思考を用いて手段を考えていきます(図2.10(2))。複数の手段を考えることができた場合は、並列に表記していきます。本事例では、「管理者タスクオーバーの改善」という目的のためには、「管理者チェックを減らす」という手段を展開しています。そし

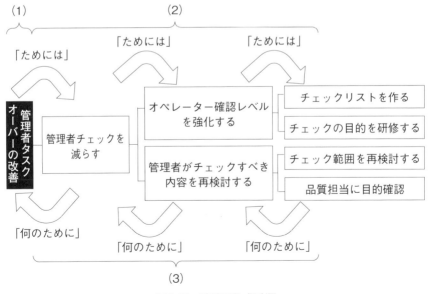

図2.10　系統図作成手順

て記述した「手段」を「目的」と捉えなおし、再度「ためには」という思考を用いて手段を考えます。具体的な手段が得られるまで、この展開を繰り返します。

### (3) 繋がりを確認する

具体的な手段まで展開(左から右)をしたら、今度は「何のために」という思考を用いて手段から目的を確認(右から左)していきます(図2.10(3))。本事例では、「チェックリストを作る」、何のために、「オペレーター確認レベルを強化する」、という手段の目的を確認しています。繋がっているように見える目的と手段の関係も、手段から目的を考えたときに合わない場合があります。若干の表現の修正なども含み、図2.10における右から左(目的から手段)、左から右(手段から目的)の方向へ思考を走らせて確認をしてください。

### (4) 評価項目を設定する

系統図で考案された手段に対して、評価項目を設定します(図2.11(4))。本事例における評価項目は、「効果」や「実現」など、複数を設定して評価項目に対しどの手段がよいのか比較検討できるようにしています。

### (5) 手段を評価し、優先順位を決める

「(4)評価項目を設定する」で設定した評価項目を用いて、手段を比較します(図2.11(5))。評価は5段階や記号(◎、○、△)などにより、手段の優劣が付くようにします。本事例では、図2.11のように総合得点の最も高い、「チェックリストを作る」が、最も高い優先度を持った手段となります。

図2.11　マトリックス図作成手順

## 2.5 事例における構造の可視化

　2.1節の事例をコールセンター管理者の時間の使い方の観点で仕事の構造分析を行ってみます。図2.12の「④要の変化」は、コールセンターの管理者が実施すべき本来の業務を示し、「②はじめの状態」に示す負荷時間内で如何に効率的に実施をするか、価値を生む時間に負荷を振り分けられるかが職場の課題ともいえます。そのために「④要の変化」を実現するために「⑤手段」を講じて付加価値を生む「①終わりの状態」を最大化し、付加価値を生まない「③残資源」、ムダや付随作業を排除（E）・最小化する方法を考えることになります。

　改善前の図2.12と改善後の図2.13では、⑤手段の考え方「チェック＝管理者がするもの」「チェックは全件するもの」という固定概念の変更とチェックリストの変更なども行い、③残資源の付加価値を生まない時間が大幅に減り、①終わりの状態として付加価値を生む時間が大幅に増えました[5]。このことによりコールセンター管理者として本来時間をかけるべきオペレーターの育成に多くの時間を割くことができるようになったという構造変化が見てとれます。

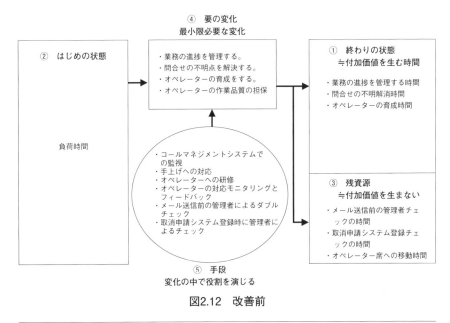

図2.12　改善前

---

[5]　図2.12と図2.13の改善前と改善後の①と③の面積の変化（＝時間の変化）に着目してください。

第2章　オフィスにおける情報の流れを考えよう

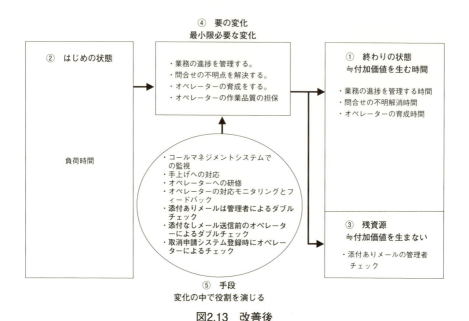

図2.13　改善後

　仕事の構造分析は製造業での活用を想定して考案されたので「①終わりの状態」は製品を指し、「③残資源」は残りの端材を指すことが多いですが、事務・販売・サービス業で時間を観点とした場合このような活用もできます。

## 第2章の引用・参考文献

[1]　改善事例提供：㈱TMJ「NSC分室サークル」2019年度事例
[2]　池永謹一：『現場のIE手法』、日科技連出版社、1971年
[3]　日本インダストリアルエンジニアリング協会編：『実践IEの強化書』、日刊工業新聞社、2021年
[4]　日本経営工学会：『生産管理用語辞典』、日本規格協会、2002年
[5]　日本規格協会：『JIS品質管理ハンドブック』、日本規格協会、2023年

# 第3章

## 営業パーソンの動きを考えよう

# 第3章

# 営業パーソンの動きを考えよう

　新しいビジネスは、人と人とのつながりの中から生まれていきます。どのような形態のビジネスでも、そのスタートは人と人との会話が出発点です。そしてビジネスの広がりの最前線を担うのが、営業の仕事です。営業の仕事の特徴は、中身が見えづらく、時間が予測しにくい点にあります。例えば同じ営業部に所属してデスクが隣同士であったとしても、一日の動き方は大きく異なるでしょう。また、取引先のスケジュールに影響を受けるため、時間の有効利用に工夫が必要です。

　本章ではこのような特徴を持つ営業の仕事を可視化することをテーマとしています。「働き方改革」が声高にいわれる昨今、この事例は今まで可視化が難しいと思い込んでいた種類の業務に対して、もう一度検討するきっかけとなるでしょう。

## 3.1　事例紹介：営業職の改善

### 3.1.1　営業職：少ない時間で成果を出すための改善

---

**【事例会社】**

業　　種　：機械製造業

対象者　：営業担当者

業務内容：自社商品販売のための営業活動

外部環境：働き方改革にて残業が行えなくなってきている

主業務　：顧客との接触（訪問面談・TEL・メール送付）

補助業務：移動、資料準備、見積作成、伝票処理

---

あるメーカー営業での改善事例です。この会社では生産財である機械の製造・

第3章　営業パーソンの動きを考えよう

販売をしており、B to B型のビジネスです。商流はユーザーへの直接販売(直販)と商社経由販売の2通りあり、いずれもユーザーや商社と契約を交わすために、営業担当者が面談を通して提案・交渉をすることが必要です。オンライン経由での面談も増えてきましたが、こちらから能動的に案件を発掘する営業活動や顧客にとって重要度が高い場面(取引数・金額が大きい件、重要プロジェクトにかかわる件、重大なクレーム発生時など)では、訪問による対面での面談が必要となり、営業担当者は面談のアポイントを取得して外出します。一方、昨今の働き方改革にともなう残業時間の規制などにより、顧客対応といえども業務に充てられる時間は限られてきています。したがって業務を効率化し、これまでよりも少ない時間で成果を出すことが課題になります。

### 3.1.2　IEの問題解決ステップで営業改善を考える

(1)　問題の認識：残業時間圧縮のための業務効率化

　聖域なく残業規制対応を行う必要があり、営業担当者も例外ではありません。これまでは"顧客対応最優先"のもと、あまり効率化への検討や対応がなされていませんでした。したがって、テーマを「残業時間圧縮のための営業担当者の業務効率化」とし改善活動を開始しました。

(2)　問題の明確化：可視化でわかった長い手待ち時間

　実際に営業担当者の外出に同行し、外出日のスケジュールを予定と実働にて可視化しました(図3.1参照)。すると、「面談の予定時間が一律1時間で設定されているが、実働時間はばらつきがあり予定と乖離している」ことや「手待ち・移動時間が非常に多い」ことがわかりました。数値化すると、付加価値を生まない"手待ち"や補助業務である"移動"の時間は5時間半近くにも及び、主業務である顧客接触時間の割合(この時間を外出時の稼働率[1]としています)は26％と、実に1日の1/4程度しかないことがわかりました。機械のようにうまくいかないことを考えても稼働率として最低50％以上、できれば60％以上を目標としたいところですが、そもそも予定を立てた時点で稼働率が37.5％と非常に低いこともわかりました。これらの要因は、これまであまり深く考えずにスケジュール調整を行っていたことがあげられます。なお、この営業担当者は都内

---

[1]　稼働率＝顧客接触時間÷負荷時間

44

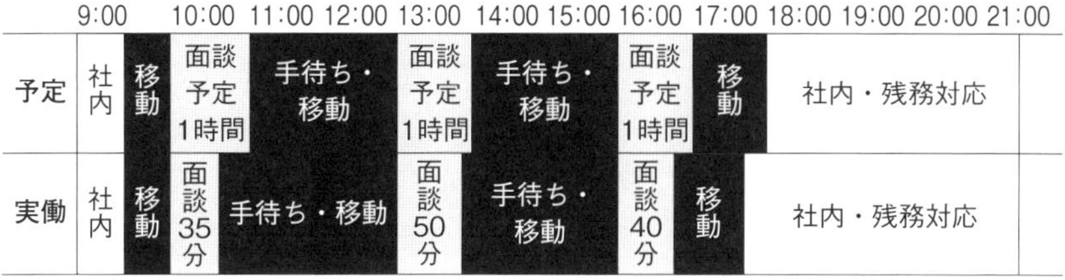

3.1 事例紹介：営業職の改善

| | | 9:00 10:00 11:00 12:00 13:00 14:00 15:00 16:00 17:00 18:00 19:00 20:00 21:00 |
|---|---|---|

予定 / 社内 / 移動 / 面談予定1時間 / 手待ち・移動 / 面談予定1時間 / 手待ち・移動 / 面談予定1時間 / 移動 / 社内・残務対応

実働 / 社内 / 移動 / 面談35分 / 手待ち・移動 / 面談50分 / 手待ち・移動 / 面談40分 / 移動 / 社内・残務対応

| | 予定ベース | 実働ベース |
|---|---|---|
| 負荷時間 | 480分 | 460分 |
| 顧客接触時間 | 180分 | 125分 |
| 手待ち・移動・出発前社内時間 | 300分 | 325分 |
| 稼働率 | 37.5% | 約27% |

▶ 予定ベースの負荷時間は9時から18時までの540分から休息時間の60分を控除して算出
▶ 実働ベースの負荷時間は9時から帰社時刻までの520分から休息時間の60分を控除して算出
▶ 朝の社内時間は営業外出日の主業務ではないことから移動と同分類として集計

**図3.1 営業外出業務の現状把握**

の担当で電車での移動が多く、実際の移動にかかっている時間は長くても30分以内程度であり、ほかの時間はカフェでパソコンを開くなどしていました。しかし周囲の目がある中で、たとえ覗き見防止フィルターをつけていたとしても、顧客情報を取り扱うパソコン業務を行うのには限界があり、実際に有効な業務はできていなかったため"手待ち"としています。

(3) **解決案の列挙：手待ち・移動時間を減らすには**
　付加価値を生まない手待ち・移動の割合を減らすために、以下の3通りの方法を検討しました。
　① 顧客面談時間を延ばす。
　② 顧客訪問数を増やす。
　③ 訪問数・面談時間はそのままで手待ち・移動の割合のみを減らす。

(4) **解決案の選定：手待ち・移動時間を減らし訪問数アップ**
　この会社はそれほど大きな規模ではなく人員数が限られており、アポイント取得から資料準備、見積作成、伝票処理を一人でこなさなければなりません。

45

第3章　営業パーソンの動きを考えよう

これらの事務処理は現在残業で対応され、残業時間の圧縮ができていない問題もありました。よって、まず「(3) ③訪問数・面談時間はそのままで手待ち・移動の割合のみを減らす」にて効率化し余裕を作ることを優先課題とし、ある程度対応力が上がったところで(3) ②の訪問数アップをねらうことにしました。「(3)①顧客面談時間を延ばす」については、不必要に延ばしても付加価値は生まれないという判断から棄却しています。

そしてECRS(p.10、表1.1 参照)の原則を適用し、(3)-③を実施する具体案として以下の内容があげられました。

- そもそもその訪問、手待ち、移動は本当に必要か？(E)
- 同部署・別担当者の面談などは一緒にできないか？(C)
- アポイントの順番を変更してスケジュールを効率化できないか？(R)
- 内容を事前に伝えておくなどして面談時の打合せをシンプルにできないか？(S)

### (5)　解決案の実施：稼働率27％から約70％にアップ

営業は製造ラインのように同一の動作をするわけではないので、可視化の結果から「R：アポイントの順番を変更してスケジュールを効率化できないか？」の観点でシミュレーションを行いました。移動に無理がないことを確認し、朝10時のアポイントを朝9時に、夕方16時のアポイントを朝10時に、お昼13時のアポイントを11時に、それぞれ変更しています。朝のアポイントは早めるために「お客様先へ直行する」ことを前提としています。

### (6)　解決案の評価：補助業務、翌日準備に余裕

シミュレーション実施の結果、手待ち時間はなくなり補助業務である移動も最小限に抑えることで稼働率は70％近くまで高まることがわかりました(図3.2)。午後には帰社し、補助業務などを行っても余裕があるため、翌日準備など成果アップのための有意義な時間を生み出すことができそうです。

### (7)　解決案の確立：訪問目的の明確化と面談時間の相談

今回のようなスケジュールにするための必要条件は2つあります。1つ目は「ある程度正確な面談の所要時間を予想する」ことです。そのためには、訪問の目的を明確にする必要があります。訪問の目的によって顧客と話す内容が変わり、

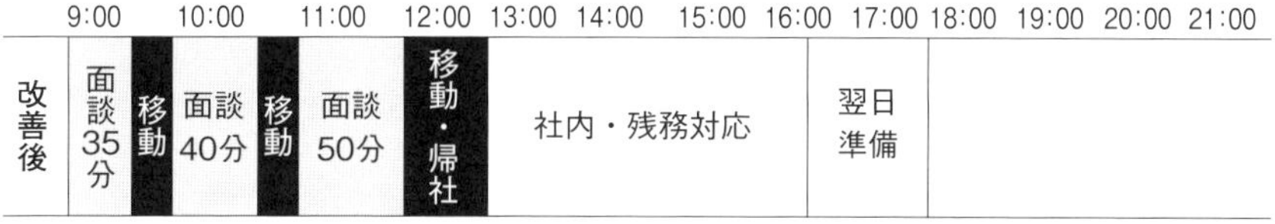

3.2 営業改善事例におけるIEの考え方および手法

| | 9:00 | 10:00 | 11:00 | 12:00 | 13:00 | 14:00 | 15:00 | 16:00 | 17:00 | 18:00 | 19:00 | 20:00 | 21:00 |

改善後 | 面談35分 | 移動 | 面談40分 | 移動 | 面談50分 | 移動・帰社 | 社内・残務対応 | 翌日準備 |

| | 改善後 |
|---|---|
| 負荷時間（就業時間） | 180分 |
| 顧客接触時間 | 125分 |
| 移動時間 | 55分 |
| 稼働率 | 69.4% |

▶負荷時間は9時から12時までの180分としている。

図3.2　改善後のスケジュールシミュレーション

それが所要時間に直結するからです。この検討は「E：そもそもその訪問は本当に必要か？」や「C：複数の面談を一緒にできないか」にもつながりやすく、上司や経験値の高い先輩などと相談しながら検討すると効果的です。さらに予想した所要時間を目標面談時間とすることで、「S：内容を事前に伝えるなどして面談時の打合せをシンプルにできないか？」の観点などでの工夫の余地も生まれます。

2つ目は「顧客へのアポイント時間の交渉」です。営業する側も顧客にとって大事なパートナーであるため、顧客指示だからと臆せずにしっかりと交渉することが肝要です。「面談時間の相談」という体裁であれば角が立つことなく交渉が可能です。

# 3.2　営業改善事例におけるIEの考え方および手法

本章のテーマは営業です。一見、IEとは無縁の活動に見えますが、事例を通してIEの考え方が随所に活用されていることに気づきます。図3.1（p.45）では、自身の活動の可視化を行っていますが、これは対象を分解するというIEの基本です。感覚的に理解しているものを可視化することで、初めてきちんと把握をすることができます。特に営業活動のような顧客接点を担う場合、顧客のスケジュールに自身が合わせることが行き過ぎてしまい、スケジュール設定が相手次第となりがちです。「図3.1　営業外出業務の現状把握」（p.45）を作成しながら業務を振り返ることで、「自分のスケジュール」であることに改めて気づ

第3章　営業パーソンの動きを考えよう

表3.1　稼働内容[1]

| 区分 | 内容 |
|------|------|
| 稼働 | 付加価値が生じる作業 |
| 準稼働 | 付加価値を生んでいないが、現状システムでは必要な作業 |
| 非稼働 | 付加価値が生じない作業 |

表3.2　本事例図3.2に対する表3.1の稼働区分

| 区分 | 項目 | 予定ベース | 割合 | 稼働ベース | 割合 |
|------|------|-----------|------|-----------|------|
| 稼働 | 顧客接触時間 | 180分 | 37.5% | 125分 | 27.2% |
| 準稼働 | 出発前社内時間 | 300分 | 62.5% | 325分 | 72.8% |
| | 稼働時間 | | | | |
| 非稼働 | 手待ち | | | | |

くでしょう。

　図3.1のもう1つの特徴は、付加価値を切り口としていることです。自身の業務を網羅的に描くだけではなく、営業のもっとも大切な機能である「顧客接触時間」を付加価値として、ほかの業務と区別し濃淡をつけています。IEでは、「稼働分析」という人の仕事の時間構成比率を調べる手法があります。この手法を用いる時、はじめに対象の作業について、稼働、準稼働、非稼働に分類をします（表3.1）。そして対象を観測し、各分類がどのぐらいの頻度で発生しているかを集計します。通常の稼働分析では、観測者が対象者の作業を分類して観測をしますが、本事例のように自ら作業を分類し、時間を書き込むことで、付加価値創出の観点を中心に自ら業務を把握することができます。これも稼働分析の使い方の一例といえます。

　表3.2は、本事例図3.1について、表3.1の区分で分類したものです。今後は、非稼働となる「手待ち」がどの程度の割合で発生するかを把握することで、準稼働と非稼働の区分ができ、さらに有効的な時間の活用につながると考えます。

## 3.3　IE手法の発展的活用：「予定」「実働」で現状を把握

　本事例では、「予定」と「実働」という切り口でも現状を把握しています。このうち、予定に焦点を当てると、IEにおける「標準時間2)」の考え方が活用できます。標準時間というと、工場における作業標準に基づく時間値のように

繰り返しが多く、変動要素が少ない作業にしか当てはまらないと思われるかもしれません。しかしながら、個別生産[3]のような繰り返しの少ない生産形態においても標準時間を用いることがあり、そのための標準時間設定法として「実績資料法」があります。これは今までの実績(実働)を基に標準時間を見積もる方法です[2]。したがって、実績(実働)データの収集がポイントになります。例えばある企業に対して、「新製品・新サービスの紹介」という目的で訪問する場合、訪問時における終始時刻を記録します(図3.3 ①)。この際、会議時間の中では、「新製品・新サービスの紹介」とは直接的に関係しない情報交換の時間もありますが、それらを余裕時間[4]として含めて計測するのが実績資料法となります。

　このようにして記録されたデータを対象にヒストグラムを作成し、分布の形やばらつきを確認し、極端に時間値が長いまたは短い(図3.3 ②点線内)場合の原因を調査することが可能です(図3.3 ②)。さらに管理図を作成することで時系列的な確認ができ、管理限界線という明確な判断基準で異常の特定(図3.3 ③点線内)が可能になります。データが多数集まれば層別の概念を取り入れ、訪問企業別、営業パーソン別、目的別などで整理し、より詳細な傾向を把握することに繋がります。

　以上のような実績資料を整備することで、営業パーソンの予定時間に対する見積もり精度アップを狙います。これは時間の有効活用を促し、勤務時間内の顧客接触数増大につなげることが期待できます。さらに営業パーソンが自分で付加価値創出をする意識づけにも役立ちます。

## 3.4　事例における分析の詳細

　本事例で活用された、「ヒストグラム」と「管理図」の作成手順を解説します。

---

2)　JIS Z 8141では標準時間を、「その仕事に適性をもち、習熟した作業者が、所定の作業条件の下で、必要な余裕をもち、正常な作業ペースによって仕事を遂行するために必要とされる時間」と定義しています。
3)　JIS Z 8141では個別生産を、「個々の注文に応じて、その都度1回限り生産する形態」と定義しています。
4)　JIS Z 8141では余裕時間を、「作業を遂行するために必要と認められる遅れの時間」と定義しています。

第3章 営業パーソンの動きを考えよう

① 顧客接触時間(単位：分)

| 33 | 39 | 39 | 41 | 38 |
| 40 | 37 | 42 | 39 | 38 |
| 37 | 38 | 35 | 37 | 44 |
| 43 | 35 | 44 | 42 | 38 |
| 43 | 42 | 39 | 41 | 35 |
| 47 | 48 | 53 | 41 | 41 |
| 38 | 35 | 40 | 49 | 37 |
| 43 | 43 | 38 | 38 | 35 |
| 43 | 39 | 38 | 37 | 37 |
| 30 | 35 | 46 | 46 | 35 |

② ヒストグラム

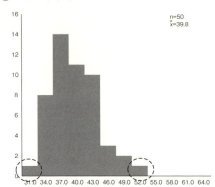

③ 管理図

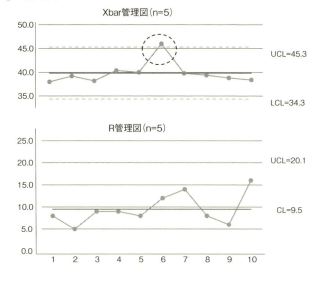

図3.3 製品サービス説明に要する顧客接触時間の整理

50

## 3.4.1　ヒストグラム作成手順

### ⑴　データを集める

はじめにデータを集めます。ここでのポイントは、測定誤差のないデータ取得のため、測定の開始時点（例：入室前）と終了時点（例：入室後）を明確に定義しておくことです。また、層別をして分析ができるように、データを取得した状況（TPOなど）を具体的に記述しておくことも大切です。表3.3は、図3.3 ①左上のデータ（33、39、39）の取得に用いたシートです。

### ⑵　区間の幅と区間のはじめを設定する

ヒストグラムの形を的確に判断するためには、適切な度数分布表（表3.4）を作成する必要があります。そのためには、適切な区間の幅と区間のはじめの設定が不可欠です。

● **区間幅**

①　データ数のルートをとり、仮区間の数を設定します。

$$\sqrt{50} = 7.071\cdots \to 7$$

※四捨五入して整数

②　データの最大値と最小値から範囲を計算します。

$$53 - 30 = 23$$

③　②で求めた範囲を①で求めた仮区間の数で除し、測定単位の整数倍にします。この数値が区間の幅となります。測定単位とは、データ測定時における最小の単位です。本例の場合は、記録（図3.3 ①）より1（分）となります。

$$23 \div 7 = 3.285\cdots \to 3$$

※測定単位の整数倍

$1 \times 1 = 1$、$1 \times 2 = 2$、$1 \times 3 = 3$、$1 \times 4 = 4$、…、最も近い数値は「3」

● **区間のはじめ**

データの最小値から測定単位を2で除したものを引きます。この数値が区間

### 表3.3　データ収集シート

| No. | 日時 | 場所 | 用件 | 顧客接触時間 | 顧客接触時間（分） |
|---|---|---|---|---|---|
| 1 | ○年○月○日 | ○社○階第○会議室 | 新製品・新サービスの紹介 | 15時05分～15時38分 | 33 |
| 2 | △年△月△日 | △社△階第△会議室 | 新製品・新サービスの紹介 | 14時00分～14時39分 | 39 |
| 3 | □年□月□日 | □社□階第□会議室 | 新製品・新サービスの紹介 | 10時03分～10時42分 | 39 |
| ・ | ・ | ・ | ・ | ・ | ・ |
| ・ | ・ | ・ | ・ | ・ | ・ |
| ・ | ・ | ・ | ・ | ・ | ・ |

第3章　営業パーソンの動きを考えよう

**表3.4　度数分布表**

区間のはじめ　区間の幅

| No. | 下側境界値 | 上側境界値 | 中心値 | 度数 |
|---|---|---|---|---|
| 1 | 29.5 | 32.5 | 31.0 | 1 |
| 2 | 32.5 | 35.5 | 34.0 | 8 |
| 3 | 35.5 | 38.5 | 37.0 | 14 |
| 4 | 38.5 | 41.5 | 40.0 | 11 |
| 5 | 41.5 | 44.5 | 43.0 | 10 |
| 6 | 44.5 | 47.5 | 46.0 | 3 |
| 7 | 47.5 | 50.5 | 49.0 | 2 |
| 8 | 50.5 | 53.5 | 52.0 | 1 |

のはじめとなります。

$$30 - (1 \div 2) = 29.5$$

## ⑶　度数分布表を作成する

　第1区間の下側境界値に区間のはじめを記入し、区間の幅を加えて第1区間の上側境界値を記入します。第1区間の上側境界値を第2区間の下側境界値に転記します。以降、上側境界値がデータの最大値(53)を上回るまで繰り返します。中心値は区間の下側境界値に上側境界値を加えて2で除したものです。

　境界値が決まったら、対象データ(図3.3 ①)について一つひとつ、どの区間に入るかを確認し、度数としてカウントしていきます(表3.4)。

## ⑷　ヒストグラムを作成および考察する

　度数を縦軸にして柱を立てます。柱は等間隔とし、区間の中心値を記載します。ヒストグラムは全体の形をみていくので、柱と柱の間の間隔をなくします。完成したヒストグラムの形(図3.3 ②)について、図3.4を参考に考察します。

52

3.4 事例における分析の詳細

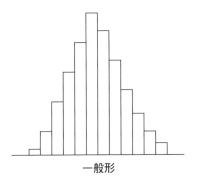

一般形

営業活動が安定していれば、中央に山が1つあって、左右に裾が引くようななめらかな形になる。

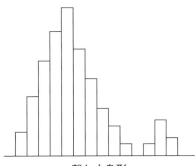

離れ小島形

良い意味でも悪い意味でも、想定外の内容に発展したときなどに起こる。

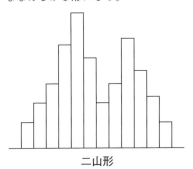

二山形

対象企業や営業パーソンなどの特徴が明確に異なるときに起こる。

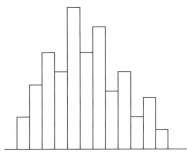

歯抜け形

測定に癖があるとき、度数分布表を作るときの区間分けが適切でないときなどに起こる。

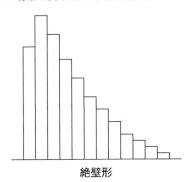

絶壁形

営業活動を一部選別して除いた場合についてのヒストグラムなどに表れる。

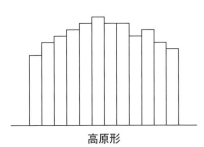

高原形

台形ないしは高原のような形の分布で、いくつかの分布が混在している場合に起こる。

図3.4 ヒストグラムの見方

第3章　営業パーソンの動きを考えよう

### 3.4.2　管理図作成手順

#### (1)　データを収集し、4～5個ずつデータを区切る

データを集め、4～5個ずつ区切ります。表3.5(1)は5個ずつ(n＝5)区切っており、この区切りを群、群に含まれるデータ数を群の大きさ(n)と呼びます。

#### (2)　群ごとに平均と範囲を計算する

群ごとに平均値と範囲を計算します(表3.5(2))。以下に詳細および表3.5(1)のNo.1の群における計算を記載します。

① 平均値($\overline{\text{X}}$)

対象データをすべて足して、データ数で除します。平均値の桁数は、対象データの桁数より、一桁多く表記します。

No.1群：$(33 + 39 + 39 + 41 + 38) \div 5 = 38.0$

② 範囲(R)

対象データより、最大値から最小値を引きます。

No.1群：$41 - 33 = 8$

#### (3)　管理線を計算する

管理図は、管理線(中心線(CL：Center Line)、上方管理限界線(UCL：Upper Control Limit)、下方管理限界線(LCL：Lower Control Limit))を活用して対象の問題の有無を判断します。以下の式を用いて、中心線と管理限界線

表3.5　収集したデータ(n=5)

| 群 | X1 | X2 | X3 | X4 | X5 | 平均値 | 範囲 |
|---|---|---|---|---|---|---|---|
| 1 | 33 | 39 | 39 | 41 | 38 | 38.0 | 8 |
| 2 | 40 | 37 | 42 | 39 | 38 | 39.2 | 5 |
| 3 | 37 | 38 | 35 | 37 | 44 | 38.2 | 9 |
| 4 | 43 | 35 | 44 | 42 | 38 | 40.4 | 9 |
| 5 | 43 | 42 | 39 | 41 | 35 | 40.0 | 8 |
| 6 | 47 | 48 | 53 | 41 | 41 | 46.0 | 12 |
| 7 | 38 | 35 | 40 | 49 | 37 | 39.8 | 14 |
| 8 | 43 | 43 | 38 | 38 | 35 | 39.4 | 8 |
| 9 | 43 | 39 | 38 | 37 | 37 | 38.8 | 6 |
| 10 | 30 | 35 | 46 | 46 | 35 | 38.4 | 16 |

3.4 事例における分析の詳細

を計算します。

● 中心線

すべての群の平均値を足して、群の数で除します。中心線の桁数は、該当の統計量(平均値および範囲)より、一桁多く表記します。

・X管理図

$\bar{X} = (38.0 + 39.2 + 38.2 + 40.4 + 40.0 + 46.0 + 39.8 + 39.4 + 38.8 + 38.4) \div 10 = 39.82$

$CL = 39.82$

・R管理図

$\bar{R} = (8 + 5 + 9 + 9 + 8 + 12 + 14 + 8 + 6 + 16) \div 10 = 9.5$

$CL = 9.5$

● 管理限界線

下記の式に代入し、管理限界線を計算します。$A_2$に入る数値については、表3.6のように群の大きさ($n$)によって変わります。管理限界線の桁数は、中心線と同様、該当の統計量(平均値又は範囲)より、一桁多く表記します。

・X管理図

$\bar{X} \pm A_2\bar{R} = 39.82 \pm 0.577 \times 9.5 = 39.82 \pm 5.48$

$UCL = 39.82 + 5.48 = 45.30$

$LCL = 39.82 - 5.48 = 34.34$

・R管理図

$UCL = D_4\bar{R} = 2.115 \times 9.5 = 20.1$

$LCL = D_3\bar{R} = ー(示されない)$

表3.6 X-R管理図係数表[4]

| n | $A_2$ | $D_3$ | $D_4$ |
|---|-------|-------|-------|
| 2 | 1.880 | — | 3.267 |
| 3 | 1.023 | — | 2.575 |
| 4 | 0.729 | — | 2.282 |
| 5 | 0.577 | — | 2.115 |
| 6 | 0.483 | — | 2.004 |
| 7 | 0.419 | 0.076 | 1.924 |
| 8 | 0.373 | 0.136 | 1.864 |

### (4) 管理図を作成および考察する

横軸について群No.を記述し、縦軸についてはX管理図が平均値、R管理図が範囲となり、群No.に対応した統計量をプロットしていきます。X管理図を上部、R管理図を下部とし、横軸の群No.を縦に辿ると、それぞれの統計量が対応するように配置します。さらにそれぞれの管理図に管理線を記述し、完成となります（図3.3③）。

管理図の最も大切な機能は、管理限界線を基準に現在の状況を判断することです。すべての点が管理限界線内である場合は、特に大きな問題は発生していないことを意味します。管理限界線外に点がプロットされてしまった場合は、その点を生み出した状況および理由について調査をすることになります。そこには必ず何らかの理由が潜んでいるはずです。

本章で活用したX-R管理図は、2枚の管理図を用いています。R管理図は群の中の変化（群内変動）を表し、X管理図は群と群との間の変化（群間変動）を視ることができます。視方の順番については、はじめにR管理図から確認します。これはX管理図における管理限界線の式にRが使われており、R管理図が正常に機能する（すべての点が管理限界線内）ことが前提となっているからです。以上のことから、R管理図の点がすべて管理限界線内に入っていることを確認し、その後X管理図の確認をします。

## 3.5　事例における構造の可視化

3.1節の事例を営業パーソンの時間の使い方で仕事の構造分析を行ってみると、図3.5のようになります。これまで同様、プロセスの変化に着目すると図3.6のように改善することができます。一方、見方を変えれば、図3.7のような変化も改善といえます。したがって、素材である「②はじめの状態」を所与の条件として変化がないことを前提とするかどうかで改善の方向性が変わります。素材が変化しても構わないのであれば、図3.7のように付加価値を生まない時間を減らすことは、負荷時間の減少につながります。これは労働時間の減少をしなければならない場面においては、立派な改善と言えます。また、今回は「時間」という無形財を素材として扱ってきましたが、有形財でも同様に検討することができます。

このように、構造分析は素材を変化させる状況を俯瞰し検討することができ

## 3.5 事例における構造の可視化

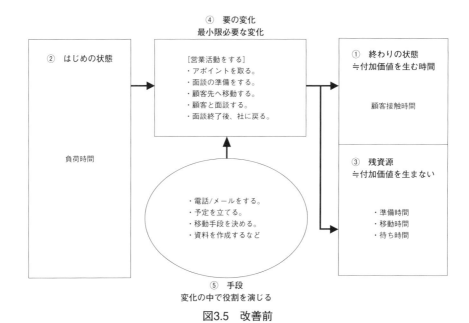

図3.5 改善前

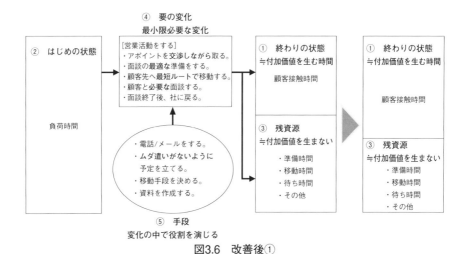

図3.6 改善後①

ます。前提条件である素材を有限のものとして捉え、素材そのものの量を減らすことをゴールにした場合、「④要の変化」や「⑤手段」を構成する要素やそれらに対する改善策が、これまでとはまったく異なったものが出てくることも

第3章　営業パーソンの動きを考えよう

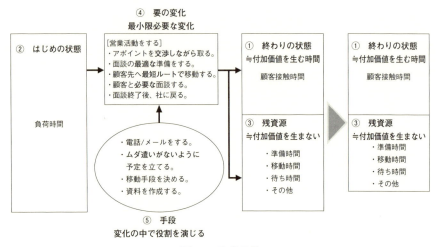

図3.7　改善後②

期待できます。

　このような取組みや検討は、大量生産・大量消費や過大な負荷を前提にした経済発展モデルからの脱却を余儀なくされている現代において有効なアプローチ手法を生み出すために、今後ますます必要になってくると考えられます。

### 第3章の引用・参考文献

[1] 日本インダストリアルエンジニアリング協会編：『実践IEの強化書』、日刊工業新聞社、2021年
[2] 日本経営工学会：『生産管理用語辞典』、日本規格協会、2002年
[3] 日本規格協会：『JISハンドブック�57 品質管理』、日本規格協会、2023年
[4] 森口繁一編：『新編日科技連数値表-第2版-』、日科技連出版社、2009年

第4章

# 職場のレイアウトを
# 考えよう

# 第4章

# 職場のレイアウトを考えよう

　オフィスで仕事をするときは、日常的かつ無意識に机、書棚、プリンターなどを行き来しているかと思います。ふとしたときに、「行き来が面倒だな〜」とか、「確認だけなのに手間だな〜」と感じたことはないでしょうか。職場内のレイアウト変更が頭によぎるのは、そんなときかと思います。本章では、レイアウトの変更に不可欠な運搬の捉え方について考えます。適切に運搬を可視化することは、職場のレイアウトの適正化につながります。

## 4.1　事例紹介：事務職の改善

### 4.1.1　事務職：レイアウト・作業方法の見直しで運搬・手持ちをなくす改善

| 【事例会社】 |
|---|
| 業　　種　：保険会社の事務処理センター |
| 対象者　：オペレーター |
| 業務内容：契約書を文書管理データベースに登録し原本を倉庫保管する業務 |
| 外部環境：ミス、遅滞なく効率的な処理が求められる |
| 主業務　：契約書の電子化・文書管理データベース登録・原本倉庫保管 |

　ある保険会社の事務処理センターの事例です[1]。みなさんも1つは保険に加入されていらっしゃるとは思いますが、通常代理店を通して複数の書類を記入・提出し契約、それが保険会社に送られ契約となります。保険会社では契約書などの文書類を契約者からお問合せがあったときなど迅速に探し対応しなければならないので、文書類を電子化し文書管理データベースへ登録をしてシステム

61

第4章　職場のレイアウトを考えよう

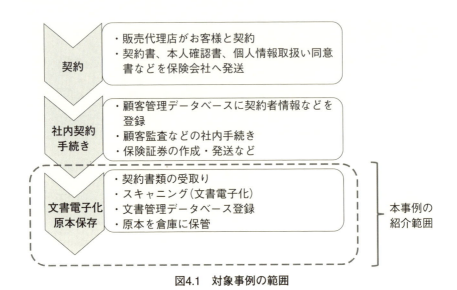

図4.1　対象事例の範囲

に連携、原本は倉庫に保管しています。契約書は全国各地の代理店から送られてくるので処理量も多く、正確で効率的な処理が求められます。

　事務処理センターには、各地の保険代理店から月、水、金曜日にセキュリティ便で契約書類が届き、それをスキャナーでスキャンして電子データ化し、原本は文書保存箱に入れて倉庫保管します。原本をいつでも倉庫から取り出せるように、箱に格納した内容と棚の番地などを紐づけて文書管理データベースに登録、文書保存箱にはバーコードラベルを印刷し箱に貼つけ倉庫に保管します。契約書といっても一枚ではなく、オプション契約や個人情報取扱いの同意書、本人確認書類など一様ではなく、契約者によって送付書類がさまざまなので処理時間もばらつきます(図4.1)。

### 4.1.2　IEの問題解決ステップで事務改善を考える
(1)　問題の認識：納期遵守のための業務見直し
　この保険会社では、契約数も増えたことから事務処理センターを新設しました。事務処理センターのレイアウトは、通常のオフィスと同じです。
　文書管理データベースへの登録期限は文書受取りから5営業日、セキュリティ宅配便で月・水・金曜日に受取り、契約書を10件ずつのロット[1]に仕分けて保管BOXに保管して流しています。まとめて同じ作業をしたら効率がよいだ

ろうということで、ホチキス外し・仕分け担当、スキャン登録担当など細かく担当を分け、終わったら進捗管理のために設定されたキャビネット①～③に格納する流れとしていました。全員担当者を分け流れ作業[2]をしていますが、契約ごとに送付書類、送付状態(クリアファイル有無、ホッチキス位置など)もまちまちです。分担した工程の処理時間には、ばらつきがあって手待ちも発生し、目標とする納期を守れない状態でした。

## (2)　問題の明確化：可視化でわかった運搬・手待ち・動線のムダ

業務を1日観察したところムダや身体的に大変な作業が見えてきました。まず、工程分析を実施し「運搬」「手待ち」のムダがあることを確認しました(図4.2)。次に帳票がどのように流れているのかを職場のレイアウト図に記入し、流れ線図(レイアウト図の上に、モノや人の動きを工程図記号とそれを結ぶ流れ線で記入した図)を作成してみましたが、かなり複雑な流れになっており動線にムダがあるようです(図4.3、図4.4)。また、身体的に大変な作業も可視化できるように運搬活性示数分析を行いました(図4.5)。

納期遵守率を100%として逆算、目標を月35時間、5%の生産性向上として改善活動を開始しました。

## (3)　解決案の列挙：運搬・手待ち・動線の改善策

付加価値を生まない「運搬」「手待ち」の削減、「動線」の改善について以下の3つの観点で、解決案を検討しました。
①　業務内容に合った生産方式
②　効率のよいレイアウト
③　使用する機器・作業机・キャビネットなどの設備

## (4)　解決案の選定：作業方法・生産方式・レイアウト・設備の見直し

作業の流れ、効率を考え以下の解決策を選定しました。

---

1)　JIS Z 8141ではロットを、「何らかの目的の下に、ひとまとまりにされた有形物のグループ」と、ロット生産を、「複数の製品を品種ごとにまとめて交互に生産する形態」と定義しています。
2)　JIS Z 8141ではライン生産方式を、「生産ライン上の各作業ステーションに作業を割り付けておき、品物がラインを移動するにつれて加工が進んでいく方式」と定義しています。さらに同用語の定義における注釈では、「流れ作業ともいう」と記述しています。

63

第4章 職場のレイアウトを考えよう

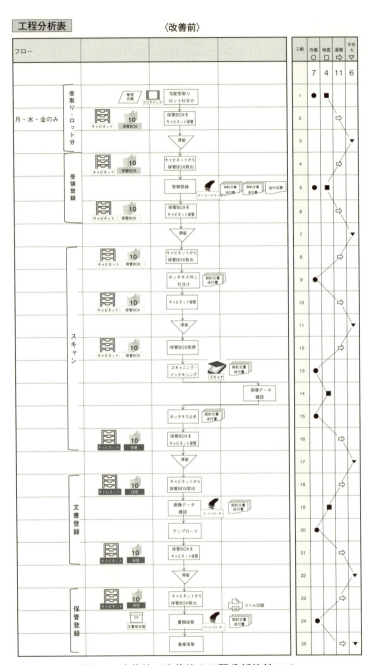

図4.2 改善前・改善後の工程分析比較(1/2)

4.1 事例紹介：事務職の改善

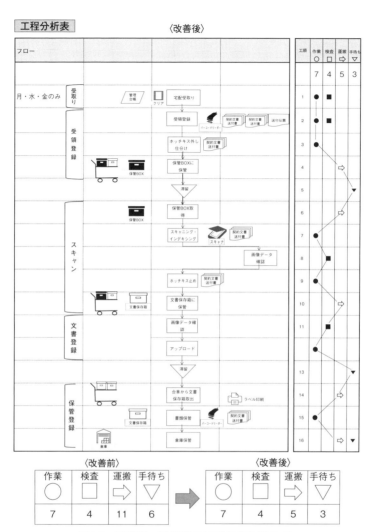

図4.2 改善前・改善後の工程分析比較(2/2)

① 宅配受取りの作業スペース確保、立ち作業としイスは排除
② 生産方式はロット生産（ロット流し）からセル生産[3]（1個流し）に変更、

---

[3] JIS Z 8141ではセル生産を、「一人から数人の作業者、又は1台から数台の機械設備で構成されるセルによって製品を生産する方式」と定義しています。さらに同用語の定義における注釈では、「多くの作業者又は機械設備で作業を分担する生産ラインの作業を、一人から数人の作業者に割当て生産する方式もセル生産方式と呼ばれるようになっている」と記述しています。

第4章 職場のレイアウトを考えよう

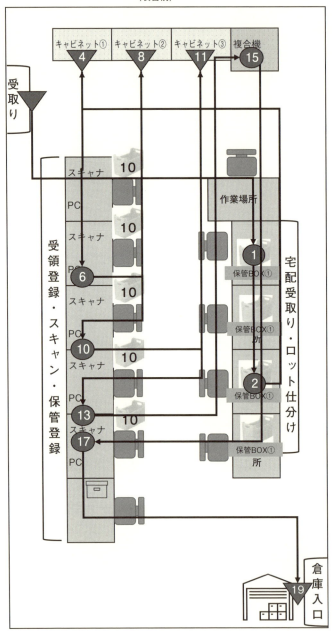

図4.3　改善前の流れ線図

4.1 事例紹介：事務職の改善

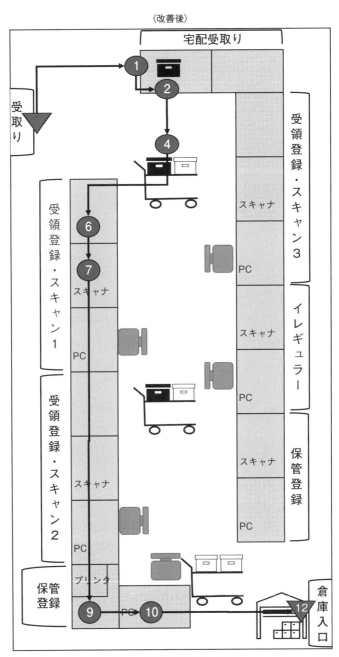

図4.4 改善後の流れ線図

67

第4章　職場のレイアウトを考えよう

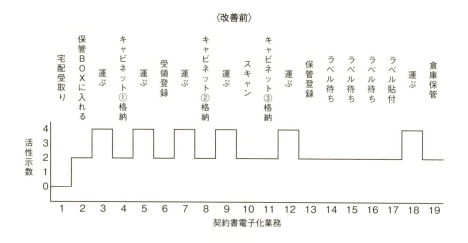

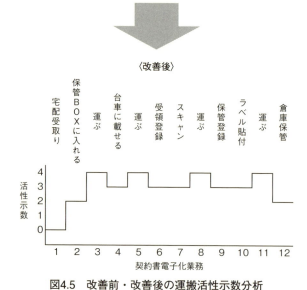

図4.5　改善前・改善後の運搬活性示数分析

　キャビネット廃止
③　保管BOXを床置きから台車にするなど身体的負荷軽減
④　セル生産方式、作業の流れに合わせてレイアウト・設備の変更
⑤　文書保存箱用ラベル印刷用のプリンターを複合機からコンパクト型、位置も変更

⑥ 時間のかかる契約書類・不備書類はイレギュラー工程を設置し作業集約

## (5) 解決案の実施：作業方法・生産方式・レイアウト・設備の改善

選定した解決策に合わせて、設備を購入（机、台車、保管BOXなど）して移転（キャビネット廃止）しました。また、レイアウトをセル生産に合わせて変更しました（図4.4）。今まで担当する領域が狭かった社員には、セル生産に合わせ受領登録からスキャニング・登録までの再教育を実施、生産計画も見直しシフト調整を行っています。

## (6) 解決案の評価：月70時間削減、生産性10%向上

工程分析においては、「運搬」は6ステップ、「手待ち」では3ステップ削減できました（図4.2）。流れ線図においては、作業の際に動線が交錯する、都度キャビネットに運搬するなど複雑な動線だったものがすっきりと工程の流れに沿ったものとなり、イスも11脚から5脚に削減されました（図4.3、図4.4）。保管BOXについては床置きから台車の活用に変更するなど、運搬活性示数が2→3へと改善できました（図4.5）。結果として、運搬と手待ちで月70時間が削減されて生産性が10%向上し、目標を達成することができました。また、身体的な負荷も軽減されました。

## (7) 解決案の確立：手順書改訂の標準化と管理の定着

効果が維持できるように歯止めとして生産方式や手順が大幅に変わったため作業手順書の改訂、見直した作業手順のオペレーター教育、教えたことが確実に行われているか、動線にさらなるムダが発生していないかを定期的に業務モニタリングを行いました。

## (8) レイアウト・作業の見直し改善の要点

本章の事例においては、保険会社の事務処理センターの業務効率アップをテーマとしました。まず、現状を把握するために工程分析を行い、「運搬」、「手待ち」のムダ、距離・時間などを確認しました。また、流れ線図で職場のレイアウトに対してどのように作業帳票が流れているのかを把握しています。さらに作業観察にて作業時の身体への負荷も見受けられたため運搬活性示数分析を使い作業負荷を確認しました。

第4章　職場のレイアウトを考えよう

　その結果から工数削減の目標を定めています。現状把握の結果からムダな時間がかかっている要因をつかみ、改善すべきターゲット「運搬」「手待ち」「動線のムダ」「作業負荷」をなくせないかと生産方式、レイアウト、設備などの観点で対策の検討と実施を行っています。対策後に効果の確認を行い、効果を維持するために標準化と管理の定着を行っています。

　職場において複合機に印刷待ちの行列ができる、動線が悪く作業効率が上がらないなどの問題では、現状把握として、三現主義(現場、現物、現実)で職場を観察してみましょう。その中で人や帳票などの移動に着目し、工程分析、流れ線図、運搬活性示数分析などのIE手法を効果的に使い、現状把握することをお薦めします。

# 4.2　事務職改善事例におけるIEの考え方および手法

　本章の事例におけるIEの考え方とIE手法について解説します。はじめに「(1)問題の認識」では、従来のオフィスレイアウトと現在の仕事の流れに違和感を覚えています。今までのレイアウトは、当時の仕事の入り方や業務のやり方に対する最適解に過ぎません。新たな仕事や業務などで仕事の内容が変化し、やりにくさや身の回りに書類がたまるなどを感じ始めたとき、レイアウトの見直しの可能性を検討してみてください。

　続いて「(2)問題の明確化」では、第2章で解説した作業者工程分析を実施して作業状況を把握(図4.2)し、そしてモノの流れをレイアウト上に記載する流れ線図(図4.3、図4.4)を作成しています。モノを対象とした製品工程分析では、運搬記号(⇨)で示されたモノの移動の場合、その距離が5mだとしても、どのような経路となるかがわかりません。流れ線図は、現状のレイアウト図上に工程図を書くため、モノの流れが交差する箇所や回数を、具体的につかむことができます。事例では、以前は担当者別の流れ作業に適した机の配置にしていましたが、流れ線図により、書類の移動距離と回数が多いことが明確になっています。そしてそのことが、作業者工程分析における「手待ち(▽)」の原因となっていることに気がついています。流れ線図を用いた改善の方向としては、書かれた線が直線になるようにレイアウトを変更することで、本事例においても達成しています(図4.3、図4.4)。モノの流れ(運搬)とレイアウトは、切り離せない関係です(図4.6)。本事例でも書かれていますが、運搬距離を縮めるために、

70

## 4.2 事務職改善事例におけるIEの考え方および手法

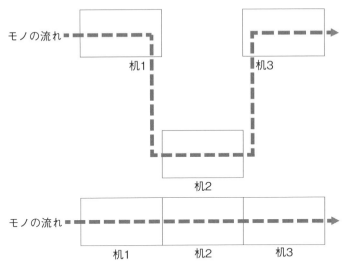

図4.6 モノの流れとレイアウト(机の配置)の関係

レイアウトの変更を行っています。

　さらに「運搬活性示数分析」を行い、運搬作業のしやすさを調べています。運搬は、モノの「移動」と「取扱い」に分けることができます。「移動」については、モノがA地点からB地点まで動くなど、対象物の移動距離で把握することができ、流れ線図により明確になります。一方、「取扱い」については、移動の前後に発生するもので、たとえば書類の場合、1枚1枚運ぶのか、箱に入れて運ぶのかで運びやすさが異なります。この運びやすさを表現するのが「運搬活性示数(表4.1)」で、この数値は運ぶまでの手間の数が多いほど小さくなります。対象物がバラバラに置かれている場合は活性示数が「0(ゼロ)」となり、この場合は、「まとめて」、「起こして」、「持ち上げて」、「持っていく」の計4手間かかることを示しています。本事例においては、台車に入れたまま保管するなど運ぶまでの手間が少なくなり、活性示数が上がっていることがわかります(図4.5、p.68)。

第4章　職場のレイアウトを考えよう

表4.1　運搬活性示数

| 区分 | | | 手間の説明<br>※括弧内は状態の例 | 必要な<br>手間数 | 不要な<br>手間数 | 活性<br>示数 |
|---|---|---|---|---|---|---|
| イメージ | 意味 | 運搬工程分析<br>台記号表記 | | | | |
|  | ばら<br>置き | —— | まとめて、起こして、持ち上げて、持っていく<br>（床、台などにバラに置かれた状態） | 4 | 0 | 0 |
|  | 箱入り | ⌐_⌐ | 起こして、持ち上げて、持っていく<br>（コンテナまたは束などにまとめられた状態） | 3 | 1 | 1 |
|  | 枕付き | ─┬──┬─ | 持ち上げて、持っていく<br>（パレットまたはスキレットで起こされた状態） | 2 | 2 | 2 |
|  | 車上 | ○───○ | 持っていく<br>（車にのせられた状態） | 1 | 3 | 3 |
|  | 移動中 | ⬭ | 不要<br>（コンベアやシュートで動かされている状態） | 0 | 4 | 4 |

## 4.3　IE手法の発展的活用：モノの移動と取扱いの視点で現状を把握

　4.2節で記述したように、運搬には見えやすい「モノの移動」を示す顕在的運搬と、見えにくい「モノの取扱い」を示す潜在的運搬があります。流れ線図により、顕在的運搬を明確にすることも大切ですが、隠れた潜在的運搬を発見することも重要です。IE手法では、この2つを明確に区別し、さらに運搬のしやすさを表現する運搬工程分析があります。

　図4.7左は、運搬工程分析で用いる記号であり、移動と取扱いが区別されていることがわかります。この区別より、取扱いという隠れた作業を可視化することができ、作業や動作に対する分析などを適用することができます。また、各記号の下に台記号（表4.1）を付記することで、モノの置かれた状態が明確になります。図4.7右は、モノを対象とした工程分析（製品工程分析）と運搬工程分析の違いであり、モノの取扱いについては、モノの移動の前後に発生するため、活性示数がこれらの作業のしやすさを表現することになります。

72

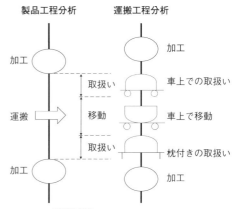

図4.7　運搬工程分析[2][3][4][5]

　職場の運搬(顕在的運搬および潜在的運搬)について把握をしたい場合は、ぜひ一度、運搬工程分析の実施を検討ください。

## 4.4 事例における分析の詳細

　本事例で活用された、「流れ線図」と「運搬活性示数分析」の作成および分析手順を解説します。

### 4.4.1 流れ線図作成手順

(1) 対象のモノを決め、流れを把握する

　はじめに対象を決めます。多数の品種を扱っている場合は、最も数の多いモノや、リードタイムの長いモノが適しています。そして対象のモノに焦点を当て、モノと一緒に移動しながら流れを把握します。流れを把握するポイントは、モノが主役と捉え、どのような変化が「与えられているか」を視ることです。本事例においては、帳票が対象となっています。

(2) レイアウト図に書き入れる

　「(1)対象のモノを決め、流れを把握する」で流れを把握したら、レイアウト図に書き入れます。動線を書き入れ、対象の変化については、第2章の情報を対象とした工程図記号の意味内容における「情報」を「モノ」に読み替え、記

第4章　職場のレイアウトを考えよう

表4.2　モノを対象とした工程分析における工程図記号の意味

| 記号 | 記号の名称 | 意味 |
|---|---|---|
| ◯ | 加工 | モノに変化が加わる過程を表す。 |
| ◇ | 検査 | モノが要求事項を満たしているかどうかを判定する過程を表す。 |
| ⇒ | 運搬 | モノの移動を表す。 |
| ▽ | 貯蔵 | モノが計画的に貯えられている状態を表す。 |
| ◠ | 滞留 | モノが計画に反して滞っている状態を表す。 |

号を記述していきます（表4.2）。職場の中において、動線の合理性や、品質形成および滞留の位置などが明確になります。

### (3)　レイアウト変更におけるモノの流れへの影響を考察する

　流れ線図は実際のレイアウト図に書き入れるため、レイアウトを変更したときにモノの流れにどのような影響があるのかをシミュレーションすることができます。動線を最短にするためには、どのようなレイアウト変更が有効なのかを模索が可能です。

## 4.4.2　運搬活性示数分析手順
### (1)　対象のモノを決め、運ばれ方を把握する

　流れ線図同様、はじめに対象を決めます。対象が置かれた状態から、どのように運ばれたかに注目します。本事例においては、帳票が入っている保管BOXを対象としています。

### (2)　モノが置かれた状態を活性示数化する

　(1)で運ばれ方を把握したら、表4.1に基づいて運搬活性示数化をします。ただし、分析対象について、置かれた状態を定義することが必要となります。本事例においては、「運ぶ」は移動中と見なして示数を「4」としています（図4.8）。運ぶ直前の状態については、改善前は保管BOXを床置きとしていますが、持ち上げやすい構造となっているため、活性示数を「2」としています。改善

74

4.5 事例における構造の可視化

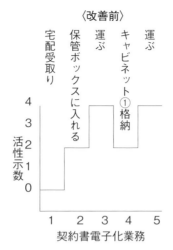

図4.8 置かれた状態の定義と活性示数

後は保管BOXを台車の上に置いてあることから「3」としており、これは該当の台車をすぐに押せる状態かつ保管BOXが持ち上がった状態に保たれていることを理由としています。

(3) 活性示数より運び出しやすさを考察する

活性示数より、分析対象職場の運び出しやすさを把握します(図4.8)。本事例においては、身体的負荷の軽減も含めて、活性示数を向上させていることがわかります。運搬を作業として捉えることで、作業のしやすさを議論することに繋がります。

## 4.5 事例における構造の可視化

4.1節の事例を"顧客からの要求の実現"という観点で仕事の構造分析を行ってみます。図の「④要の変化」は、顧客の要求を満たすための変化を示し、「②はじめの状態」に示す顧客の要求を如何に効率的に達成するか、ムダなリソースを如何に出さないかが職場の課題ともいえます。そのために「④要の変化」を実現するために最適な「⑤手段」を考え、「①終わりの状態」の生産性向上、「③残資源」としてムダなリソース活用、ムダなデッドスペース、ムダな疲労

# 第4章 職場のレイアウトを考えよう

などが発生しない作業方法を考えることになります。

改善前の図4.9と改善後の図4.10では、「⑤手段」として10件ずつのロットに

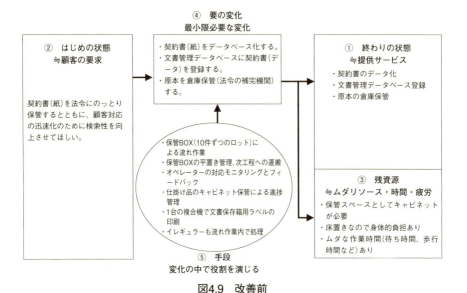

図4.9 改善前

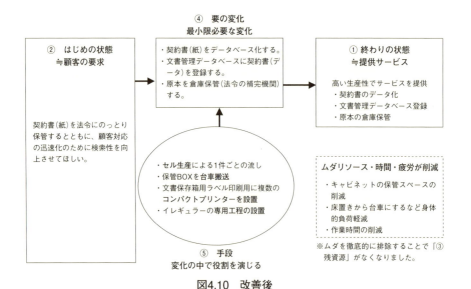

図4.10 改善後

よるライン生産方式で作業が停滞、仕掛が発生していたことから1件流しに変更、また身体的負荷の軽減のために台車搬送への切り替え、ムダな歩数・移動時間の低減のためにコンパクトプリンターの設置などを行うことで③残資源が削減されました。①終わりの状態として顧客の要求を満たしたうえで、生産性も向上し提供サービスにかける時間が大幅に増やすことができました。このように働き方の構造変化をわかりやすく示せるのも仕事の構造分析の利点だと思います。ただし、仕事の構造分析で③残資源としてムダと思っている現状の問題をあげるだけだと、改善につながりにくいので、工程分析や流れ線図、運搬活性示数分析など現状を緻密にIE手法で分析をすることが肝要です。その結果、仕事のやり方の悪さ加減が具体的にわかり、改善案を多く導き出せると思います。

　仕事の構造分析は製造業での活用を想定して考案されたので「①終わりの状態」は製品を指し、「③残資源」は残りの端材を指すことが多いですが、事務・販売・サービス業で顧客の要求を満たすためのムダなリソースの排除を観点とした場合このような活用もできます。

## 第4章の引用・参考文献

[1]　事例提供：㈱TMJ

[2]　遠藤健児、秋庭雅夫：『運搬管理と包装』、日刊工業新聞社、1971年

[3]　日本経営工学会：『生産管理用語辞典』、日本規格協会、2002年

[4]　永井一志、木内正光、大藤正：『IE技法入門』、日科技連出版社、2007年

[5]　木内正光：『生産現場構築のための生産管理と品質管理』、日本規格協会、2015年

第5章

# 販売職の動きを
# 考えよう

# 第5章

# 販売職の動きを考えよう

　接客業務においては、顧客への応対が親切というだけでなく、素早く対応することも求められます。このような「手際のよさ」は、ムダのない効率的な処理ができることで余裕が持て、丁寧な顧客対応を生み出すともいえます。

　本章では、販売職の動きを例として、このような「手際のよさ」に注目します。販売職の動きを分解することで、「手際のよさ」の秘密が見えてきます。

## 5.1　事例紹介：販売職の改善

### 5.1.1　販売職：少ない時間で成果を出すための改善

---

#### 【事例会社】

業　　種　：食品スーパーマーケット

対象者　　：レジ業務担当者

業務内容：お客様が購入する商品の会計業務

外部環境：レジ待ち行列は敬遠される

主業務　　：商品のレジ登録、会計の金銭授受

---

　ある食品スーパーマーケットでのレジ業務の改善事例です。みなさんは食料品や日用雑貨品問わず、実店舗で買い物をされる際にはほとんどの場合、レジで会計を済ませるのではないでしょうか。近年はセルフレジの浸透や決済手段の多様化で、レジでの金銭授受の姿は大きく変化しました。

　しかし、変化が少ないのが、販売員が商品をレジ登録する業務です。多くの小売店ではいまだに人の手によってレジ登録業務が行われています。一回当たりの購入個数が多く、レジ登録時間が長くなりがちな食品スーパーマーケットでは、レジでの待ち時間はお客様の来店動機の悪化につながる重要な問題です。

81

第5章　販売職の動きを考えよう

登録内容に誤りがあると、信頼にもかかわるため、正確かつ短時間での処理が求められています。

　レジ登録業務は、商品をカゴから取り出し、バーコードを機械にかざしてレジ登録し、別のカゴに入れる動作の繰り返しですが、形状やバーコードの位置がさまざまな商品を素早く登録し、お客様が取り出しやすいようにカゴに入れるのは技術が必要です。新人はパート社員からコツを教わり、手を速く動かすように指導されますが、レジ登録時間の短縮や作業の標準化にはつながっていませんでした。

### 5.1.2　IEの問題解決ステップで販売改善を考える

(1)　問題の認識：お客様をお待たせしないためのレジ登録時間の短縮

　レジ登録業務に時間がかかり、お客様をお待たせしていました(図5.1)。会社基準値は20品あたり60秒ですが、店舗平均値は66秒と基準に達しておらず、レジ登録の遅い人と速い人との差があり、サービスレベルにムラがあります。したがって、テーマを「レジ登録時間の短縮」とし改善活動を開始しました。

(2)　問題の明確化：比較でわかったムダな動作

　レジ登録の最も遅い人と、最も速い人のレジ登録データを比較してみると、20品当たりの登録時間は28秒の差があることがわかりました(図5.2)。さらに、同じ商品を二重に登録したものを取消す回数が、遅い人は平均で4回多く発生

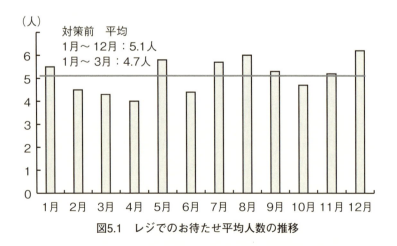

図5.1　レジでのお待たせ平均人数の推移

5.1 事例紹介：販売職の改善

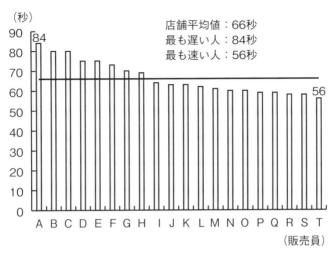

図5.2　レジ登録時間の比較

していることがわかりました。取消し動作にかかる時間が1回あたり3秒かかるため、遅い人は12秒ムダな時間が発生していることになります。

動作のムダを明確にするため、両手作業（動作）分析で業務を詳細に分析しました（図5.3）。その結果、レジ登録の遅い人は左手で手待ちが合計60回ありました。登録取消し動作中は左手がほぼ保持の状態です（図5.4）。取消しの主な原因となる二重登録の要因解析をしたところ、登録した商品をカゴに入れる際に、置き場所に困って商品を持ち上げたままのため、機械がバーコードを読み取ってしまうことがわかりました（図5.5）。会社基準値を達成するため、平均レジ登録時間を3月末までに60秒にする目標を立てました。

(3) 解決案の列挙：手待ち・保持時間を減らすには

付加価値を生まない「手待ち」「保持」の削減をECRS（Eliminate（排除）、Combine（結合と分離）、Rearrange（入替えと代替）、Simplify（簡素化））の観点で検討しました。

①　移し替える際に二重に読み取ることをなくせないか？（E）
②　商品の持ち直し回数を減らせないか？（E）
③　入替しなくてもいいように、商品の登録順を変更できないか？（R）
④　登録した商品の配置を誰でも同じにできるよう簡素化できないか？（S）

第5章　販売職の動きを考えよう

遅い人

商品を2個登録するときの動作

| No | 左手の動作 | 記号 | 記号 | 右手の動作 |
|----|-----------|------|------|-----------|
| 1 | 手待ち | ▽ | ⇨ | 商品に手を伸ばす |
| 2 | 手待ち | ▽ | ○ | 商品をつかむ |
| 3 | 手待ち | ▽ | ○ | 商品を持ち上げる |
| 4 | 商品をつかむ | ○ | ⇨ | 商品を移動する |
| 5 | 商品に手を添える | D | ○ | 機械にかざす |
| 6 | 商品を移動する | ○ | ⇨ | 商品を保持 |
| 7 | 手を放してカゴに置く | ○ | ○ | 手を放してカゴに置く |
| 8 | 手待ち | ▽ | ⇨ | 商品に手を伸ばす |
| 9 | 手待ち | ▽ | ○ | 商品をつかむ |
| 10 | 手待ち | ▽ | ○ | 商品を持ち上げる |
| 11 | 商品をつかむ | ○ | ⇨ | 商品を移動する |
| 12 | 商品に手を添える | D | ○ | 機械にかざす |
| 13 | 商品を移動する | ⇨ | ⇨ | 商品を移動する |
| 14 | 手を放してカゴに置く | ○ | ○ | 手を放してカゴに置く |

| 動作数計 | | | | | |
|----|-----------|------|------|-----------|---|
| | 作業 ○ | 4 | 6 | ○ 作業 | |
| | 移動 ⇨ | 2 | 8 | ⇨ 移動 | |
| | 保持 D | 2 | 0 | D 保持 | |
| | 手待ち ▽ | 6 | 0 | ▽ 手待ち | |

商品20品登録時の動作数計

| 動作数計 | | | | | |
|----|-----------|------|------|-----------|---|
| | 作業 ○ | 40 | 60 | ○ 作業 | |
| | 移動 ⇨ | 20 | 80 | ⇨ 移動 | |
| | 保持 D | 20 | 0 | D 保持 | |
| | 手待ち ▽ | 60 | 0 | ▽ 手待ち | |
| | 合計 | 140 | 140 | 合計 | |

速い人

商品を2個登録するときの動作

| No | 左手の動作 | 記号 | 記号 | 右手の動作 |
|----|-----------|------|------|-----------|
| 1 | 商品に手を伸ばす | ⇨ | ⇨ | 商品に手を伸ばす |
| 2 | 手待ち | ▽ | ○ | 商品をつかむ |
| 3 | 手待ち | ▽ | ○ | 商品を持ち上げる |
| 4 | 手待ち | ▽ | ⇨ | 商品を移動する |
| 5 | 商品をつかむ | ○ | ○ | 商品を左手に持ち替える |
| 6 | 商品を保持 | D | ⇨ | 商品を移動する |
| 7 | 商品を保持 | D | ○ | 商品をつかむ |
| 8 | 商品を保持 | D | ○ | 商品を持ち上げる |
| 9 | 商品を移動する | ⇨ | ⇨ | 商品を移動する |
| 10 | 機械にかざす | ○ | D | 商品を保持 |
| 11 | 商品を移動する | ⇨ | ○ | 機械にかざす |
| 12 | 手を放してカゴに置く | ○ | ⇨ | 商品を移動する |
| 13 | 手待ち | ▽ | ○ | 手を放してカゴに置く |

| 動作数計 | | | | | |
|----|-----------|------|------|-----------|---|
| | 作業 ○ | 3 | 5 | ○ 作業 | |
| | 移動 ⇨ | 3 | 7 | ⇨ 移動 | |
| | 保持 D | 3 | 1 | D 保持 | |
| | 手待ち ▽ | 4 | 0 | ▽ 手待ち | |

商品20品登録時の動作数計

| 動作数計 | | | | | |
|----|-----------|------|------|-----------|---|
| | 作業 ○ | 30 | 50 | ○ 作業 | |
| | 移動 ⇨ | 30 | 70 | ⇨ 移動 | |
| | 保持 D | 30 | 10 | D 保持 | |
| | 手待ち ▽ | 40 | 0 | ▽ 手待ち | |
| | 合計 | 130 | 130 | 合計 | |

**図5.3　両手作業（動作）分析**

| No. | 左手の動作 | 記号 | 記号 | 右手の動作 |
|-----|-----------|------|------|-----------|
| 1 | 商品を保持 | D | ⇨ | 商品に手を伸ばす |
| 2 | 商品を保持 | D | ○ | パネルを押す |
| 3 | 商品を保持 | D | ○ | 項目を選ぶ |
| 4 | 商品を保持 | D | ○ | ボタンを押す |
| 5 | 商品を保持 | D | ⇨ | 商品に手を伸ばす |
| 6 | 商品を保持 | D | D | 商品を移動する |
| 7 | 商品を移動する | ⇨ | ⇨ | 商品を移動する |
| 8 | 手を放してカゴに置く | ○ | ○ | 手を放してカゴに置く |

**図5.4　二重登録取消し動作の両手作業（動作）分析**

---

1)　JIS Q 9024では特性要因図を、「特定の結果（特性）と要因との関係を系統的に表した図」と説明しています。詳細については、5.4.2項を参照ください。

5.1 事例紹介：販売職の改善

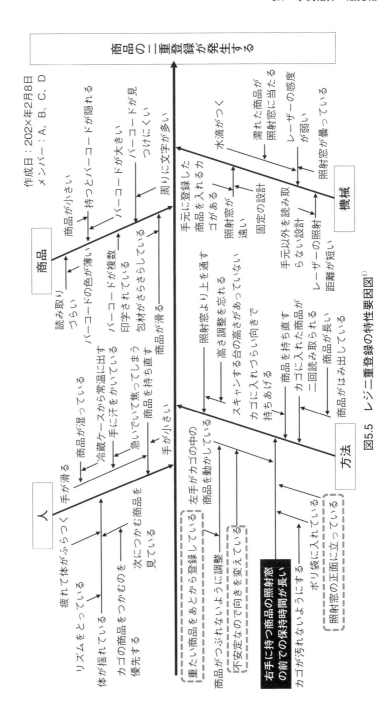

図5.5 レジ二重登録の特性要因図[1]

## (4) 解決案の選定：手待ち・保持時間をなくし標準化

商品の二重登録をなくすために以下の解決策を選定しました。
① 立つ場所をやや右にし、足元にマーキングする（図5.6）。
② 速い人の動作を動画撮影し、両手に商品を持ち、レジ登録する動作の教材にする。
③ 速い人のレジ登録順をレシートから読み取る。
④ カゴの中の商品配置を決め、訓練用の配置シートを作成する。

## (5) 解決案の実施：遅い人の手待ちを排除

選択した解決案を実施し、レジ登録の速い人の商品の持ち方、レジ登録の仕方、カゴへの入れ方を基準動作に設定し、遅い人の手待ちを排除（E）しました。この基準動作をもとに繰り返し訓練を行いました。訓練中の動作を動画撮影し、速い人の動作と同時再生して比較をしながら、できていない動作を客観的に把握しました。

## (6) 解決案の評価：作業のばらつきがなくなりスピードアップ

レジ登録が遅い人の対策後の両手作業（動作）分析を比較すると、速い人と同じ動作ができるようになったため、20品当たりの動作数で「手待ち」が20削減

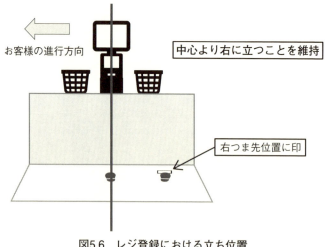

図5.6　レジ登録における立ち位置

されました。20品当たりのレジ登録時間は20秒の短縮ができました（図5.7）。速い人と遅い人の差は対策前28秒が、対策後は12秒になりました（図5.7）。店舗平均レジ登録時間は58秒となり、目標達成しました。これにより、お客様のお待たせ人数も減少傾向にあります（図5.8）。

(7) 解決案の確立：マニュアルの制定と維持管理

効果が維持できるように歯止めとして動画マニュアルの作成、訓練手順の改訂、マーキングの週1回点検の実施を行いました。

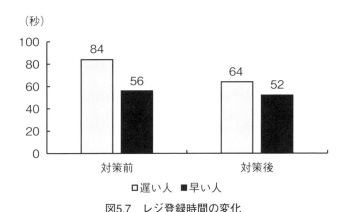

図5.7 レジ登録時間の変化

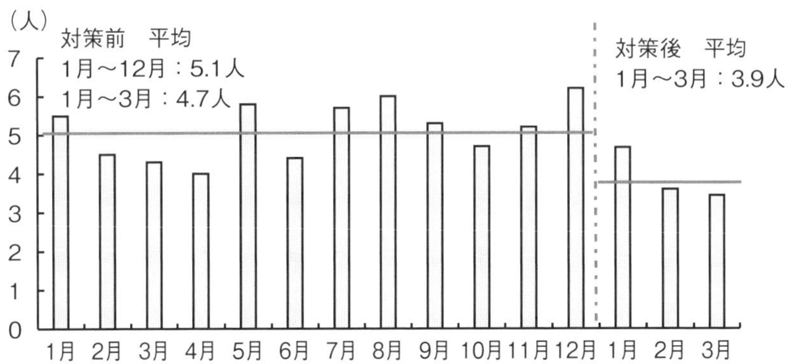

図5.8 レジでのお待たせ人数の推移

第5章　販売職の動きを考えよう

## 5.2　販売職の動きの改善事例におけるIEの考え方および手法

　5.1節の事例では、「②問題の明確化」において両手作業（動作）分析を実施して、現状を把握しています。この分析で使用している記号（表5.1）は、第2章の作業者工程分析、第4章の流れ線図と同じです。第2章では人、第4章ではモノが分析対象となっておりましたが、本章では人の動作が分析対象となり、右手と左手に焦点を当てられ、記号化されています。この結果、レジ登録の速い人と遅い人の動作の違いが、記号を通して把握されています。保持などの価値を生まない動作の存在や左右の動作バランスの悪さなど、記号化により多くのヒントがもたらされます。さらにここでは、レジ登録の遅い人は、二重登録があり、ムダな取消作業が発生していることが浮き彫りになっています。ここでのポイントは、動作の効率性がレジ登録の速さにつながり、作業の質も向上していることがわかります。

## 5.3　IE手法の発展的活用：理想的な動作を追究

　両手作業（動作）分析により、両手の作業のバランスについて把握ができましたが、それではどのような動作が望ましいのでしょうか。これを考える指針として、動作経済の原則[2]と作業空間[3]の考慮があります。

表5.1　両手作業（動作）分析における工程図記号の意味[1]

| 記号 | 記号の名称 | 意味 |
|---|---|---|
| ○ | 作業 | 手（または足）が作業している状態 |
| □ | 検査 | 製品の特性を調べたり、個数を数えること |
| ⇒ | 移動 | 物に手（足）を伸ばしたり、手で物を運んだりする状態 |
| ▽　D | 遅れ　保持 | 手（足）のアイドリング状態、もう一方の手が行っている要素のため遅れている状態（バランス遅れ）、対象物を固定位置に保持している状態 |

---

2)　JIS Z 8141では動作経済の原則を、「作業者が行う作業を構成する動作を分析して、最適な作業方法を求めるための手法の体系」と定義しています。

5.3 IE手法の発展的活用：理想的な動作を追究

　ここでは動作経済の原則における身体の仕様に関する原則（表5.2）と作業空間を基に、事例における速い人の動作をみてみます。速い人の動作の特徴は、左右の手に手待ちが少なく、ミスが少ないことですが、これは両手の動作に対して原則1〜3を守りつつ、動作の組合せを原則6および8によるスムースな動きかつ自然なリズムで作業ができるようアレンジされています。さらにここでは触れておりませんが、作業空間という観点では、図5.9において点線で表されている正常作業域での動きが多く、細かな作業や目の動きをともなわず作業が可能な斜線範囲内での作業がされていると推察します（図5.9）。

　さらに人の動作を細かくみる分析としてはサーブリッグ[4]分析があります（表5.3）。サーブリッグ分析においては、各動作に対して記号が示されています。そして各動作は、第1類（作業に必要な動作）、第2類（第1類の動作を遅らせる動作）、第3類（作業に不必要な動作）の3つに分類されます。

　図5.10は、事例における動作に対して、両手作業（動作）分析とサーブリッグ分析を実施したときの比較です。両手作業（動作）分析の記号がサーブリッグ分析では第一類の記号で表現され、さらに第二類の検討がされています。図5.10は、サーブリッグ分析における記号の出現順序の代表例となります。一見すると、動作の速い人と遅い人との違いが見出せない場合でも、サーブリッグ分析で第二類を検討することにより、その違いを見出すことができます。動作経済の原則、作業空間、サーブリッグ分析より、動作の速い人の無意識の工夫を可視化することで、担当者全員のレベルアップにつながります。

---

3) JIS Z 8141では作業空間を、「作業を遂行するときに作業者が身体各部を動かすのに必要な作業範囲」と定義しています。

4) JIS Z 8141ではサーブリッグを、「人間の行う動作を目的別に細分割し、あらゆる作業に共通であると考えられる18の基本動作要素に与えられた名称」と定義しています。さらに同用語の定義における注釈では、「サーブリッグ記号は、改善の着眼を考慮して次の3種類に大別される。第1類は作業を行うときに必要なサーブリッグであり、"手をのばす（transport empty：TE）"、"つかむ（grasp：G）"、"運ぶ（transport loaded：TL）"、"組み合わせる（assemble：A）"、"使う（use：U）"、"分解する（disassemble：DA）"、"放す（release load：RL）"、"調べる（inspect：I）"がある。第2類は作業の実行を妨げるサーブリッグであり、"探す（search：SH）"、"選ぶ（select：ST）"、"見出す（find：F）"、"前置き（pre-position：PP）"、"位置決め（position：P）"、"考える（plan：PN）"がある。第3類は作業を行わないサーブリッグであり、"保持する（holding：H）"、"避け得ぬ遅れ（unavoidable delay：UD）"、"避け得る遅れ（avoidable delay：AD）"、"休む（rest：R）"がある」と記述しています。なお、表5.3においては、"見出す"は、"探す"または"選ぶ"の一部としており、17の基本動作要素としています。

89

## 第5章 販売職の動きを考えよう

**表5.2 動作経済の原則における身体の使用に関する原則[2]**

| 原則 | 内容 |
|---|---|
| 1 | 両手の動作は同時に始め、また同時に終了すべきである。 |
| 2 | 休息時間以外は、同時に両手を遊ばせてはならない。 |
| 3 | 両手の動作は反対の方向に、対称にかつ同時に行わなければならない。 |
| 4 | 手および身体の動作は、仕事に満足できるような最小単位のものに限定すること |
| 5 | できるだけ惰性を利用して、作業者を助けるようにすること。筋肉による力を用いて惰性に打ち勝つ必要のある場合には、惰性は最低限にすること |
| 6 | ジグザグ動作や突然かつシャープに方向転換を行う直線運動よりスムースに継続する手の動作が望ましい。 |
| 7 | 弾道運動[5]は制限された運動(固定)やコントロールした運動よりはるかに早く、容易であり、正確である。 |
| 8 | できる限り、楽で自然なリズムで仕事ができるように仕事をアレンジすること |
| 9 | 注視の回数はできるだけ少なく、かつ往復の回数を短くすること |

(出典) 日本経営工学会:『生産管理用語辞典』、日本規格協会、2002年、p.305、「動作経済
の原則  a) 身体の使用に関する原則」をもとに作成

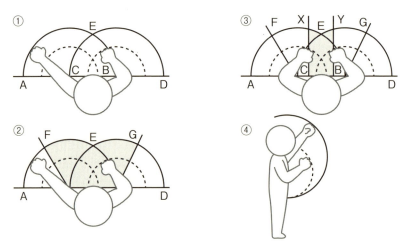

① 左手および右手を伸ばして作業できる最大範囲(最大作業域)。点線で示す範囲は、曲げた肘を支点にして、両手で作業できる範囲(正常作業域)
② 灰色で示された範囲内では、小さな目的物を容易に掴むことができる。
③ 灰色で示された範囲内では、目の動きをともなわずに、両手を同時に動かしやすい。
④ 垂直方向において、手を伸ばし得る最大範囲(最大作業域)。点線で示す範囲は、肘を支点にして行う作業範囲(正常作業域)
(出典) 藤田彰久:『IEの基礎』、建帛社、1978年、「第4章　動作研究」、p.127

**図5.9　作業空間[3]**

5) 弾道型の運動は、はじめに筋肉を動かすだけで、その後は力を抜いて滑らかに作業を続けることができます。

5.3 IE手法の発展的活用：理想的な動作を追究

表5.3 サーブリッグ分析におけるサーブリッグ記号[4]

| 種別 | 動作 | 頭文字 | 英語 | 意味 | 例 | サーブリッグ記号 |
|---|---|---|---|---|---|---|
| 第1類<br>（作業に必要な動作） | つかむ | G | Grasp | 対象を手や指でつかむ、つまむ、抑える。 | ペンをつかむ。 | |
| | 空手運搬 | TE | Transport Empty | 何も持っていない手の移動 | 道具が置いてあるところに手を伸ばす。 | |
| | 運搬 | TL | Transport Load | 物を保持して移動させる。 | ペンを持ってくる。 | |
| | 離す | RL | Release Load | 手や指で捉えていた物を離す。 | ペンを手から離す。 | |
| | 検査 | I | Inspect | 物を定められた標準と比較する。 | 文字の出来映えを調べる。 | |
| 第1類<br>（作業に必要な動作） | 組立 | A | Assemble | 2つ以上の物を結合する。 | ボールペンにキャップを被せる。 | |
| | 分解 | DA | Disassemble | 物を2つ以上に分解する。 | ボールペンのキャップを外す。 | |
| | 使う | U | Use | 目的のために、道具、装置などを使用する。 | ペンで書いている。 | |
| 第2類<br>（第1類の動作を遅らせる動作） | 探す | SH | Search | 目、または手で目的物の場所を探す。 | ペンを探す。 | |
| | 選ぶ | ST | Select | 複数の中から1つ（1個）を選ぶ。 | 複数の物の中からペンを選ぶ。 | |
| | 位置決め | P | Position | 物をすぐに使えるように置き直す。 | ペン先を書く位置につける。 | |
| | 前置き | PP | Pre-Position | 物を使用後、必要なときに取れる位置に置く。 | 次に使いやすいように置く。 | |
| | 考える | PN | Plan | 次に行うことを考える。 | どのような字を書くか考える。 | |
| 第3類<br>（作業に不必要な動作） | 保持 | H | Hold | 対象物を動かさずに保持している。 | ペンを持ったままでいる。 | |
| | 避けられない遅れ | UD | Unavoidable Delay | 作業者が制御できない作業の中断 | 停電で作業ができなくなり、手待ちとなる。 | |
| | 避けられる遅れ | AD | Avoidable Delay | 作業者が制御可能な作業の中断 | ほかのことに気を取られて動きを止める。 | |
| | 疲労回復のための休息 | R | Rest for overcoming fatigue | 作業による疲労回復のための休息 | 疲れたので、休息する | |

（出典） 福田祐二：よくわかる「標準時間」のはなし(11)「サーブリッグ分析」の理解は、より効率的な作業設計には欠かせない」、「MONOist」、ITメディア（2019年9月9日）を参考に作成。
https://monoist.itmedia.co.jp/mn/articles/1909/09/news011.html

第5章　販売職の動きを考えよう

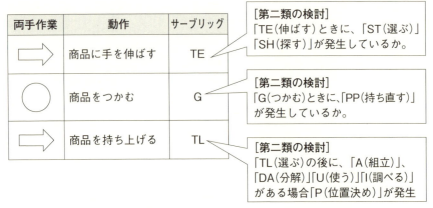

図5.10　両手作業（動作）分析とサーブリッグ分析の比較

## 5.4　事例における分析の詳細

本事例で活用された、「両手作業（動作）分析」と「特性要因図」の分析および作成手順を解説します。

### 5.4.1　両手作業（動作）分析手順

(1)　対象者について両手の動きを把握し、記述する

対象者の両手の動きを一つひとつ把握し記述します。具体的な把握の仕方については、可能であれば動画を撮り、分析者自らが対象者と同様の動きをしながら、一つひとつ動作を記述していきます。「一つひとつ」という点が大切であり、例えば「商品を運ぶ」に含まれるのは、「商品に手を伸ばす」、「商品をつかむ」、「商品を持ち上げる」、「商品を移動する」の4つから構成されます。「一つひとつ」を丁寧に把握することでムダな動作が視えてきます。

記述については、「○○を□□する」という機能表現を心掛けることで、両手の動きを適切に表現することができます。一つひとつの動きが、どのような機能を有するかを把握することも、上述同様、ムダな動作を浮き彫りにしていきます。

(2)　両手の動きを記号に変換する

記述された動作を記号に変換します。「(1)対象者について両手の動きを把握

## 5.4 事例における分析の詳細

し、記述する」で記述された動作が4つの記号分類となることで、対象作業がどのような特徴を有した動作で構成されているかが明確になります。また、記号化を通して表現の粒度を調整し、動作の記述数の増減を検討します。

### (3) 集計および考察する

左右の手ごとに集計することで、対象作業の特徴や左右のバランスの良し悪しが把握できます。また、図5.11のように対象者ごとに分析することで、その違いを動作数という定量化された表現で比較も可能です。さらに両手の理想的な動作数やバランスを検討することで、動作数の削減や左右のバランス改善など、改善の効果についても具体的に示せます。

### 5.4.2 特性要因図作成手順

#### (1) 特性を記述する

特性(結果)は悪さ加減を短文で表現することが大切です(図5.12)。悪さ加減を記述することで、特性を解決するための手段ではなく、特性に影響を与える要因(原因)を考えやすくする効果があります。また、体言止めや用語のみの記述の場合、粒度が粗くなり、現在起こっている事象を表現することができないので、短文で表すことが大切です。

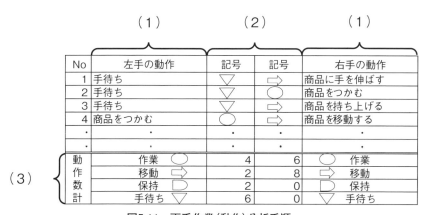

図5.11 両手作業(動作)分析手順

第5章 販売職の動きを考えよう

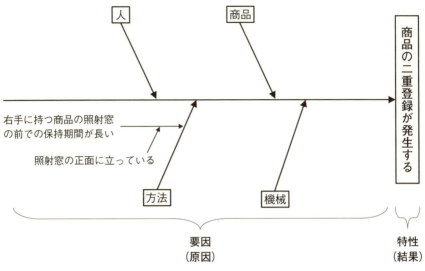

図5.12 特性要因図作成過程

## (2) 特性に影響を与えると考えられる要因を列挙する

「(1) 特性を記述する」で記述した特性に影響を与えている要因を列挙していきます。はじめに要因列挙の大枠として4M(Man/Woman(人)、Machine(設備)、Material(材料)、Method(方法))などの大骨を記載し、大骨ごとに具体的要因を考えていきます。

要因の考え方については、特性に対して「それはなぜ」という思考を用います。例えば「商品の二重登録が発生する(特性)」、それはなぜ、「(方法においては、)右手に持つ商品の照射窓の前での保持時間が長い(中骨)」、それはなぜ、「照射窓の正面に立っている(小骨)」という展開をしています。展開は、具体的な対策が検討できるところまで行います。展開後は、末端の小骨を起点として、「だからそうなる」という思考を用いて繋がりを確認していきます。例えば、「照射窓の正面にたっている(小骨)」から、「右手に持つ商品の照射窓の前での保持時間が長い(中骨)」、「右手に持つ商品の照射窓の前での保持時間が長い(中骨)」から「商品の二重登録が発生する(特性)」という展開をしていきます。

要因の列挙の仕方ですが、複数人で議論をしながら列挙並びに展開をしていきます。要因列挙を通して、人の有する多くの暗黙知が形式知化されます。特性要因図は多くの知識がやり取りされるので、特性要因図の作成過程自体に多

5.5 事例における構造の可視化

くの気付きが含まれます。

**(3) 対策の検討**

「(2)特性に影響を与えると考えられる要因を列挙する」の展開の注意点としては、手段を検討する「ためには」という思考を入れないことです。特性要因図は因果の論理で結ぶことで、一つの特性(結果)につながる複数の要因(原因)を広く探索します。

具体的な原因に展開された後、その中から真因(ターゲット)を選択し、今度は「ためには」という思考を使い、具体的な手段を検討していきます(図2.10)。例えば「照射窓の正面に立つことを防ぐ」ためには、という思考で対策を検討していきます。

## 5.5 事例における構造の可視化

図5.13および図5.14(p.96)は、5.1節の事例を仕事の構造分析で整理したものです。図5.13は現状(改善前)のサービス提供までの流れを示しています。具体的には、「②はじめの状態」となる顧客のニーズに対して、どのような「⑤手段」で「④要の変化」を生み出し、「①終わりの状態」となる実際のサービスの提供に至ったかが示されています。さらに「③残資源(ムダな動作)」には、「④要の変化」を生み出したときに起こる時間や疲労などの目に見えない問題点を表しています。

図5.14は「⑤手段」に改善を加えており、「②はじめの状態」から「①終わりの状態」への「④要の変化」に対して、少ないリソース(③)で可能となったことを明確にしています。具体的には、立つ位置の適正化、適正な両手の使い方の把握、レジ登録順の工夫、カゴ内の最適配置の決定などにより、サービスの生産性が向上することを表しています。

以上のことより、顧客のニーズと実際のサービス提供の差異を的確に把握し、サービスを生み出すまでの手段に焦点を当てることで、改善の効果をリソースのセーブ量として可視化することができます。

95

# 第5章　販売職の動きを考えよう

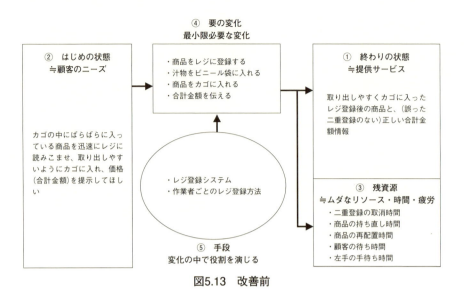

図5.13　改善前

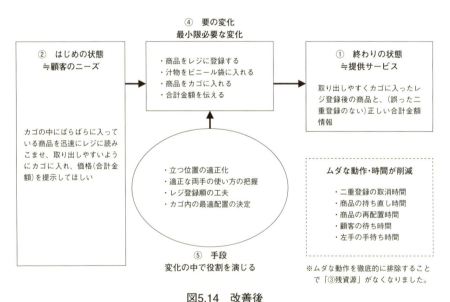

図5.14　改善後

## 第5章の引用・参考文献

[1] 池永謹一：『現場のIE手法』、日科技連出版社、1971年

[2] 日本経営工学会：『生産管理用語辞典』、日本規格協会、2002年

[3] 藤田彰久：『IEの基礎』、建帛社、1978年

[4] 福田祐二：よくわかる「標準時間」のはなし⑾「サーブリッグ分析」の理解は、より効率的な作業設計には欠かせない」、「MONOist」、ITメディア（2019年9月9日）、https://monoist.itmedia.co.jp/mn/articles/1909/09/news011.html

# 索 引

**【A-Z】**

ECRS　9、10、83

IE　3

IE手法　4、7

IE手法の全体像　9

JHS　3

JHSの特徴　11

PQCDSME　20

QC　3

QC手法　7

QCストーリー　5

R管理図　55

SGH　3

X管理図　55

**【あ行】**

アイデアのレベル　19

移動　26、32

運搬　34

運搬活性示数　72、74

運搬活性示数分析　63、68

運搬工程分析　73

**【か行】**

改善案検討　9

改善の原則　9

加工　32、34

稼働分析　8

稼働率　44

要の変化　14

簡素化　9、10

管理限界線　55

管理図　7、50、54

管理線　56

業務効率化　44

区間のはじめ　51

区間幅　51

系統図作成手順　37

系統図法　28

系統マトリックス図　28

結合　9、10

検査　26、32、34

現状把握　7、27、45

効果の確認　31

交換　9、10

工数削減　26

工程図記号　32、34、74、88

99

# 索　引

工程分析　　8、27

個別生産　　49

## 【さ行】

作業空間　　89、90

作業研究　　4

作業者工程分析　　15、35

サーブリッグ　　89

サーブリッグ記号　　91

サーブリッグ分析　　89

残資源　　13、14

時間研究　　8

仕事の構造分析　　12、13

実績資料法　　49

手段　　21

情報　　33

身体の使用に関する原則　　89、90

設計的アプローチ　　4

セル生産　　65

## 【た行】

滞留　　34

段取り　　18

段取り替え　　18

中心線　　55

貯蔵　　34

データ収集シート　　51

手待ち　　26、32

動作経済の原則　　89、90

動作研究　　8

特性要因図　　84、85

特性要因図作成過程　　94

度数分布表　　52

## 【な行】

流れ作業　　63

流れ線図　　63、66、67

流れ線図作成手順　　73

ニーズ　　17

## 【は行】

排除　　9、10

範囲　　54

ヒストグラム　　7、50、53

ヒストグラムの見方　　53

評価尺度　　20

標準時間　　48、49

品質管理　　3

分析的アプローチ　　4

平均値　　54

## 【ま行】

マテリアルバランス　　13、14

マトリックス図　　28

マトリックス図作成手順　　38

ムダ・ムラ・ムリ　　4

モノ　　7、33

もの・こと分析　　12

索 引

問題　　5、19

問題解決　　19、20

問題解決のプロセス　　20

問題が解かれた状態　　19

問題が解かれていない状態　　20


【や行】

余裕時間　　49


【ら行】

ライン生産法式　　63

両手作業分析　　92、93

レイアウト図　　63

ロット　　62、63


【わ行】

ワーク・デザイン　　4

## 編著者紹介

### 木内 正光（きうち まさみつ）

玉川大学経営学部国際経営学科教授。経営工学、生産管理、品質管理、IE手法、QC手法を中心に管理技術の研究に従事。
経営工学および管理技術を、経営学的文脈に位置付けることを目指している。
担当：第1～5章、全体編集

## 著者紹介

### 渡邉 一衛（わたなべ いちえ）

成蹊大学名誉教授。経営工学、生産管理、IE、品質管理、経済性工学を中心とした教育・研究・開発に従事。
問題解決に対する管理技術の適用についての企業組織への普及を目指している。
担当：第1章

### 野上 真裕（のがみ まさひろ）

株式会社TMJ企業価値創造PJ担当部長、NGM K-consulting代表。
QCサークル上級指導士。QCサークル本部幹事、QCサークル本部認定指導員として社内外においてQCサークル活動の普及・推進、日本科学技術連盟QCサークルセミナー講師などに従事。組織の問題解決力向上を支援している。
担当：第2章、第4章

### 高村 航（たかむら わたる）

公益財団法人日本生産性本部　主任経営コンサルタント。中小企業診断士。
中堅・中小企業を中心とした総合経営コンサルティングおよび人材育成研修に従事。
経営改善・組織成長による長期的な収益力向上を支援している。
担当：第3章

### 植木 卓（うえき すぐる）

アクシアル リテイリンググループ　原信ナルスオペレーションサービス株式会社商品本部グロサリー部加食チーフバイヤー。
スーパーマーケットの仕入れ担当部署で、IE手法、QC手法を業務に取り入れ、販売効率や店舗作業効率の上昇を目指している。
担当：第5章

## IE を学ぶ！

### 事務、販売、サービス領域に活かすインダストリアル・エンジニアリング

2024 年 11 月 2 日　第 1 刷発行

編著者　木内　正光

著　者　渡邉　一衛・野上　真裕

　　　　高村　　航・植木　　卓

発行人　戸羽　節文

検印
省略

発行所　株式会社 日科技連出版社

〒 151-0051　東京都渋谷区千駄ケ谷 1-7-4
渡貫ビル

電　話　03-6457-7875

Printed in Japan

印刷・製本　壮光舎印刷

© *Masamitsu Kiuchi, Ichie Watanabe, Masahiro Nogami, Wataru Takamura,*
*Suguru Ueki 2024*

ISBN 978-4-8171-9804-4

URL https://www.juse-p.co.jp/

本書の全部または一部を無断でコピー、スキャン、デジタル化などの複製を
することは、著作権法上での例外を除き禁じられています。本書を代行業者等
の第三者に依頼してスキャンやデジタル化することは、たとえ個人や家庭内で
の利用でも著作権法違反です。